Imagine Infinite!

창의영재수학

아이앤아이

영재들의 수학여행

Math Travel

창의영재수학

아이앤아이

01 수학 여행 테마로 수학 사고력 활동을 자연스럽게 이어갈 수 있도록 하였습니다.

02 키즈 - 입문 - 초급 - 중급 - 고급으로 이어지는 단계별 창의 영재 수학 학습 시리즈입니다.

03 각 챕터마다 기초 - 심화 - 응용의 문제 배치로 쉬운 것부터 차근차근 문제해결력을 향상시킵니다.

04 각종 수학 사고력, 창의력 문제, 지능검사 문제, 대회 기출 문제 등을 체계적으로 정밀하게 다듬어 정리하였습니다.

05 과학, 음악, 미술, 영화, 스포츠 등에 관련된 융합형(STEAM)수학 문제를 흥미롭게 다루었습니다.

06 단계적 학습으로 창의적 문제해결력을 향상시켜 영재교육원에 도전해 보세요.

창의영재가 되어볼까?

교재 구성

키즈 (6세 7세 초1)	A(수)	B(연산)	C(도형)	D(측정)	E(규칙)	F(문제해결력)	G(워크북)
	수와 숫자 수 비교하기 수 규칙 수 퍼즐	가르기와 모으기 덧셈과 뺄셈 식 만들기 연산 퍼즐	평면도형 입체도형 위치와 방향 도형 퍼즐	길이와 무게 비교 넓이와 들이 비교 시계와 시간 부분과 전체	패턴 이중 패턴 관계 규칙 여러 가지 규칙	모든 경우 구하기 분류하기 표와 그래프 추론하기	수 연산 도형 측정 규칙 문제해결력

입문 (초1~3)	A(수와 연산)	B(도형)	C(측정)	D(규칙)	E(자료와 가능성)	F(문제해결력)	G(워크북)
	수와 숫자 조건에 맞는 수 수의 크기 비교 합과 차 식 만들기 벌레 먹은 셈	평면도형 입체도형 모양 찾기 도형 나누기와 움직이기 쌓기나무	길이 비교 길이 재기 넓이와 들이 비교 무게 비교 시계와 달력	수 규칙 여러 가지 패턴 수 배열표 암호 새로운 연산 기호	경우의 수 리그와 토너먼트 분류하기 그림 그려 해결하기 표와 그래프	문제 만들기 주고 받기 어떤 수 구하기 재치있게 풀기 추론하기 미로와 퍼즐	수와 연산 도형 측정 규칙 자료와 가능성 문제해결력

초급 (초3~5)	A(수와 연산)	B(도형)	C(측정)	D(규칙)	E(자료와 가능성)	F(문제해결력)
	수 만들기 수와 숫자의 개수 연속하는 자연수 가장 크게, 가장 작게 도형이 나타내는 수 마방진	색종이 접어 자르기 도형 붙이기 도형의 개수 쌓기나무 주사위	길이와 무게 재기 시간과 들이 재기 덮기와 넓이 도형의 둘레 원	수 패턴 도형 패턴 수 배열표 새로운 연산 기호 규칙 찾아 해결하기	가짓수 구하기 리그와 토너먼트 금액 만들기 가장 빠른 길 찾기 표와 그래프(평균)	한붓 그리기 논리 추리 성냥개비 다른 방법으로 풀기 간격 문제 배수의 활용

중급 (초4~6)	A(수와 연산)	B(도형)	C(측정)	D(규칙)	E(자료와 가능성)	F(문제해결력)
	복면산 수와 숫자의 개수 연속하는 자연수 수와 식 만들기 크기가 같은 분수 여러 가지 마방진	도형 나누기 도형 붙이기 도형의 개수 기하판 정육면체	수직과 평행 다각형의 각도 접기와 각 붙여 만든 도형 단위 넓이의 활용	규칙성 찾기 도형과 연산의 규칙 규칙 찾아 개수 세기 교점과 영역 개수 수 배열의 규칙	경우의 수 비둘기집 원리 최단 거리 만들 수 있는, 없는 수 평균	논리 추리 님 게임 강 건너기 창의적으로 생각하기 효율적으로 생각하기 나머지 문제

고급 (초6~중등)	A(수와 연산)	B(도형)	C(측정)	D(규칙)	E(자료와 가능성)	F(문제해결력)
	연속하는 자연수 배수 판정법 여러 가지 진법 계산식에 써넣기 조건에 맞는 수 끝수와 숫자의 개수	입체도형의 성질 쌓기나무 도형 나누기 평면도형의 활용 입체도형의 부피, 겉넓이	시계와 각도 평면도형의 활용 도형의 넓이 거리, 속력, 시간 도형의 회전 그래프 이용하기	암호 해독하기 여러 가지 규칙 여러 가지 수열 연산 기호 규칙 도형에서의 규칙	경우의 수 비둘기집 원리 입체도형에서의 경로 영역 구분하기 확률	홀수와 짝수 조건 분석하기 다른 질량 찾기 뉴튼산 작업 능률

책의 구성과 활용

단원들어가기

백화점의 시계

대부분의 광고나 백화점에서 보이는 시계의 시침과 분침은 10시 10분 또는 8시 20분을 가리키고 있습니다. 왜 그럴까요?
한 연구 결과에 따르면 시침과 분침이 100°~ 120° 정도의 각을 끼고 있으면 안정감과 신뢰감이 생겨서 구매 심리를 자극한다고 합니다. 또한 시침과 분침이 시계 제조사의 상표를 떠받치는 형태가 되어 상표를 돋보이게 해주는 효과가 있기도 하고 V 자 모양이 웃는 모습을 상기시키거나 'Victory'를 연상시켜 소비를 자극한다고도 합니다.

그렇다면 10시 10분을 이루는 시침과 분침의 각도는 정확하게 120°일까요?
언뜻 보기에는 10시, 2시, 6시를 이으면 정삼각형이 되어 각도가 120° 처럼 보이기도 하지만 실제로 시침은 12시간에 360° 회전하고, 분침은 1시간에 360° 회전하므로 정확하게 계산하면 시침과 분침이 이루는 각도는 115°라는 것을 알 수 있습니다.

1. 시계와 각도

이탈리아 첫째 날 DAY 1

친구들의 수학여행(MatHTravel)과 함께 단원이 시작됩니다. 여행지에서 수학문제를 발견하고 창의적으로 해결해 나갑니다.

아이앤아이 수학여행 친구들

전 세계 곳곳의 수학 관련 문제들을 풀며 함께 세계여행을 떠날 친구들을 소개할게요!

무우

팀의 맏리더, 행동파 리더.

에너지 넘치는 자신감과 무한 긍정으로 팀원에게 격려와 응원을 아끼지 않는 팀의 맏형, 솔선수범하는 믿음직한 해결사예요.

상상

팀의 챙김이 언니, 아이디어 뱅크.

감수성이 풍부하고 공감력이 뛰어나 동생들의 고민을 경청하고 챙겨주는 맏언니예요.

알알

진지하고 생각많은 똘똘이 알알이.

겁 많고 부끄럼 많고 소심하지만 관찰력이 뛰어나고 생각 깊은 아이에요. 야무진 성격을 보여주는 알밤머리와 주근깨 가득한 통통한 볼이 특징이에요.

제이

궁금한게 많은 막내 엉뚱이 제이.

엉뚱한 질문이나 행동으로 상대방에게 웃음을 주어요. 주위의 것을 놓치고 싶지 않은 장난기가 가득한 매력덩어리입니다.

단원살펴보기

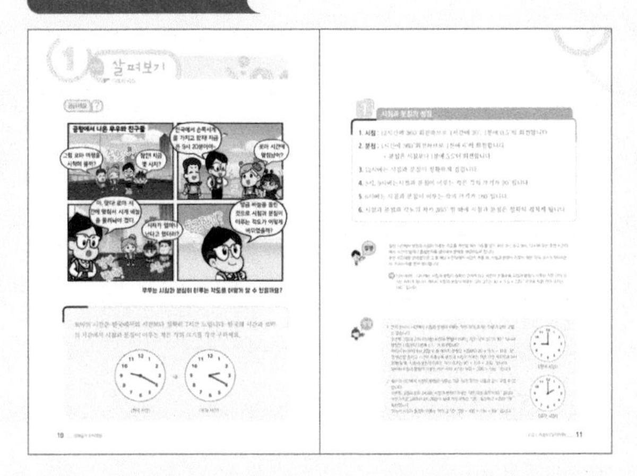

단원의 주제되는 내용을 정리하고 '궁금해요' 문제를 풀어봅니다.

대표문제

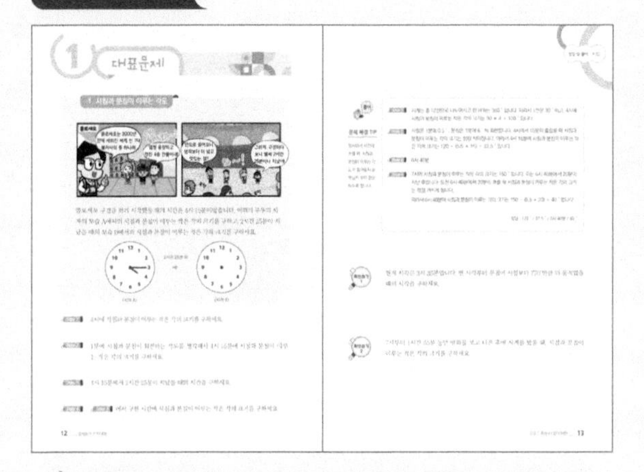

대표되는 문제를 단계적으로 해결하고 '확인하기' 문제를 풀어봅니다.

연습문제

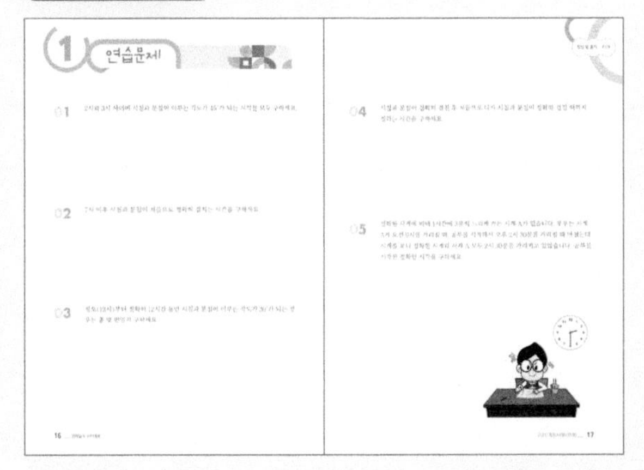

단원살펴보기 및 대표문제에서 익힌 내용을 알차게 구성된 사고력 문제를 통해 점검하며 주제에 대한 탄탄한 기본기를 다집니다.

심화문제

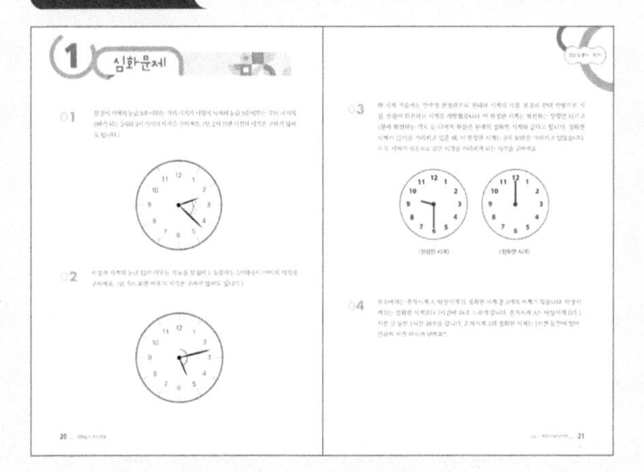

단원에 관련된 문제의 이해와 응용력을 바탕으로 창의적 문제 해결력을 기릅니다.

창의적문제해결수학

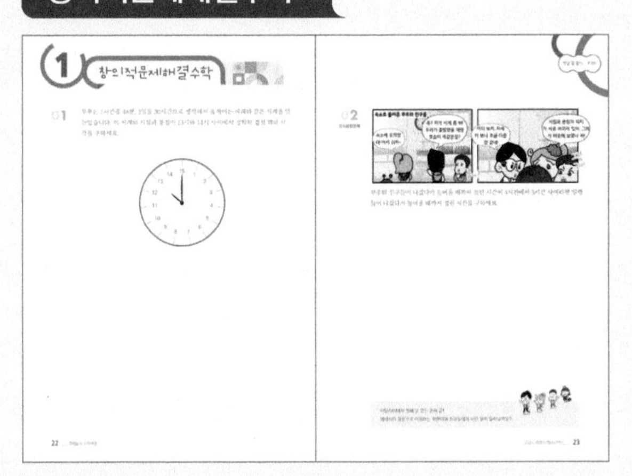

창의력 응용문제, 융합문제를 풀며 해당 단원 문제에 자신감을 가집니다.

정답 및 풀이

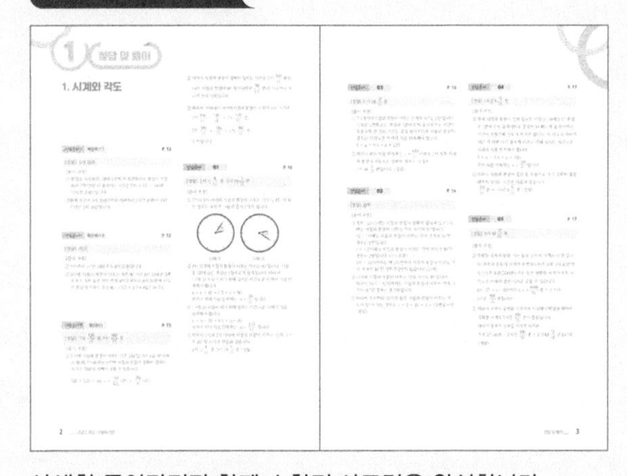

상세한 풀이과정과 함께 수학적 사고력을 완성합니다.

차례
CONTENTS

고급 초6~중등 C 측정

1 시계와 각도 08

1. 시침과 분침이 이루는 각도 12
2. 시계와 각도의 활용 14

2 평면도형의 활용 24

1. 합동 , 닮음의 활용 28
2. 내심 , 외심의 활용 30

3 도형의 넓이 42

1. 겹쳐진 도형의 넓이 46
2. 기하판에서의 픽의 정리 48

4 거리 , 속력 , 시간 60

1. 왕복할 때의 시간과 거리 64
2. 강물에서의 배의 속력 66

5 도형의 회전 76

1. 도형의 자취 80
2. 회전체 82

6 그래프 이용하기 94

1. 그래프를 이용한 속력 98
2. 그래프를 이용한 부피 100

백화점의 시계

대부분의 광고나 백화점에서 보이는 시계의 시침과 분침은 10시 10분 또는 8시 20분을 가리키고 있습니다. 왜 그럴까요?
한 연구 결과에 따르면 시침과 분침이 100°~ 120° 정도의 각을 끼고 있으면 안정감과 신뢰감이 생겨서 구매 심리를 자극한다고 합니다. 또한 시침과 분침이 시계 제조사의 상표를 떠받치는 형태가 되어 상표를 돋보이게 해주는 효과가 있기도 하고 V 자 모양이 웃는 모습을 상기시키거나 'Victory'를 연상시켜 소비를 자극한다고도 합니다.

그렇다면 10시 10분을 이루는 시침과 분침의 각도는 정확하게 120° 일까요?
언뜻 보기에는 10시, 2시, 6시를 이으면 정삼각형이 되어 각도가 120° 처럼 보이기도 하지만 실제로 시침은 12시간에 360° 회전하고, 분침은 1시간에 360° 회전하므로 정확하게 계산하면 시침과 분침이 이루는 각도는 115° 라는 것을 알 수 있습니다.

1. 시계와 각도

이탈리아 첫째 날 DAY 1

무우와 친구들은 이탈리아에 가는 첫째 날, 로마의 <콜로세오>를 여행할 예정이에요. 자, 그럼 <콜로세오> 에서 만날 수학 문제에는 어떤 것들이 있을까요?

즐거운 수학여행 출발~!

궁금해요 ?

무우는 시침과 분침이 이루는 각도를 어떻게 알 수 있을까요?

로마의 시간은 한국에서의 시간보다 정확히 7시간 느립니다. 한국의 시간과 로마의 시간에서 시침과 분침이 이루는 작은 각의 크기를 각각 구하세요.

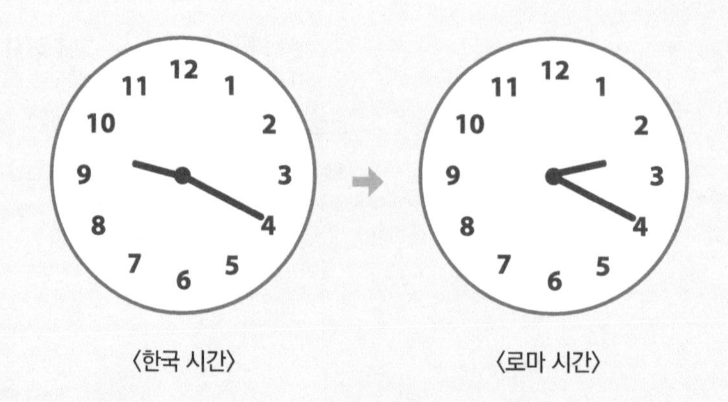

〈한국 시간〉 〈로마 시간〉

시침과 분침의 성질

1. 시침 : 12시간에 360°회전하므로 1시간에 30°, 1분에 0.5°씩 회전합니다.

2. 분침 : 1시간에 360°회전하므로 1분에 6°씩 회전합니다.
→ 분침은 시침보다 1분에 5.5°더 회전합니다.

3. 12시에는 시침과 분침이 정확하게 겹칩니다.

4. 3시, 9시에는시침과 분침이 이루는 작은 각의 크기가 90°입니다.

5. 6시에는 시침과 분침이 이루는 각의 크기가 180°입니다.

6. 시침과 분침의 각도의 차가 360° 일 때에 시침과 분침은 정확히 겹치게 됩니다.

일정 시간에서 분침과 시침이 이루는 각도를 계산할 때는 각도를 알기 쉬운 3시, 6시, 9시, 12시와 같은 주변 시간대에서 시간이 얼마나 흘렀는지를 생각해서 문제를 해결하도록 합니다.
주변 시간대를 선택했으면 그 후 해당 시간대까지 시간이 흐를 때, 시침과 분침이 이루는 작은 각의 크기가 작아지는지, 커지는지를 먼저 생각합니다.

예 12시 40분 : 12시에는 시침과 분침이 정확히 겹쳐져 있고 시간이 흐를수록 시침과 분침이 이루는 작은 각의 크기는 커지게 됩니다. 따라서 시침과 분침이 이루는 각의 크기는 $40 \times 5.5 = 220°$ 이므로 작은 각의 크기는 $140°$ 입니다.

1. 먼저 한국의 시간에서 시침과 분침이 이루는 작은 각의 크기는 다음과 같이 구할 수 있습니다.
오른쪽 그림과 같이 9시에는시침과 분침이 이루는 작은 각의 크기가 90° 입니다.
분침은 시침보다 1분에 5.5° 더 회전합니다.
따라서 9시부터 9시 20분이 될 때까지 분침은 시침보다 $20 \times 5.5 = 110°$ 만큼 회전한 것이고 시간이 흐를수록 분침과 시침이 이루는 작은 각은 커지므로 9시 20분일 때, 시침과 분침이 이루는 각의 크기는 $90 + 110 = 200°$ 입니다.
따라서 시침과 분침이 이루는 작은 각의 크기는 $360 - 200 = 160°$ 입니다.

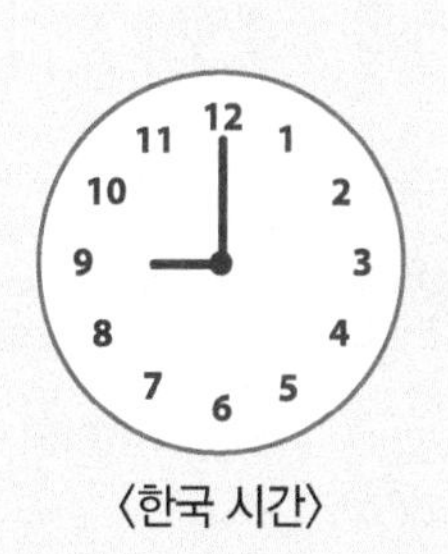

〈한국 시간〉

2. 로마의 시간에서 시침과 분침이 이루는 작은 각의 크기는 다음과 같이 구할 수 있습니다.
오른쪽 그림과 같이 2시에는 시침과 분침이 이루는 작은 각의 크기가 60° 입니다.
마찬가지로 2시부터 2시 20분이 될때 까지 분침은 120° 회전하고 시침은 10° 회전합니다.
따라서 시침과 분침이 이루는 각의 크기는 $120 - (60 + 10) = 50°$ 입니다.

〈로마 시간〉

1 대표문제

1. 시침과 분침이 이루는 각도

콜로세오 구경을 하기 시작했을 때의 시간은 4시 15분이었습니다. 이때의 무우의 시계의 모습 A에서의 시침과 분침이 이루는 작은 각의 크기를 구하고, 2시간 25분이 지났을 때의 모습 B에서의 시침과 분침이 이루는 작은 각의 크기를 구하세요.

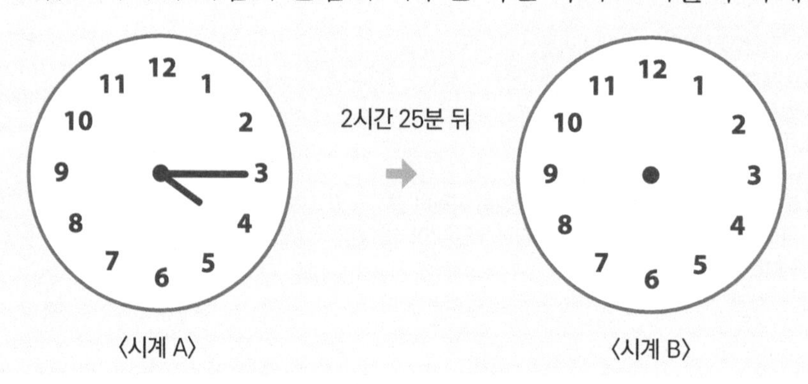

〈시계 A〉 〈시계 B〉

Step 1 4시에 시침과 분침이 이루는 작은 각의 크기를 구하세요.

Step 2 1분에 시침과 분침이 회전하는 각도를 생각해서 4시 15분에 시침과 분침이 이루는 작은 각의 크기를 구하세요.

Step 3 4시 15분에서 2시간 25분이 지났을 때의 시간을 구하세요.

Step 4 **Step 3** 에서 구한 시간에 시침과 분침이 이루는 작은 각의 크기를 구하세요.

문제 해결 TIP

정시에서 시간이 흐를 때, 시침과 분침이 이루는 각도가 줄어들지 늘어날지 부터 판단하도록 합니다.

Step 1 시계는 총 12칸으로 나누어지고 한 바퀴는 360° 입니다. 따라서 1칸은 30° 이고, 4시에 시침과 분침이 이루는 작은 각의 크기는 30 × 4 = 120° 입니다.

Step 2 시침은 1분에 0.5°, 분침은 1분에 6° 씩 회전합니다. 4시에서 15분이 흘렀을 때 시침과 분침이 이루는 각의 크기는 점점 작아집니다. 따라서 4시 15분에 시침과 분침이 이루는 작은 각의 크기는 120 - (5.5 × 15) = 37.5° 입니다.

Step 3 6시 40분

Step 4 7시에 시침과 분침이 이루는 작은 각의 크기는 150° 입니다. 이는 6시 40분에서 20분이 지난 후입니다. 또한 6시 40분에서 20분이 흐를 때 시침과 분침이 이루는 작은 각의 크기는 점점 커지게 됩니다.

따라서 6시 40분에 시침과 분침이 이루는 각의 크기는 150 - (5.5 × 20) = 40° 입니다.

정답 : 120° / 37.5° / 6시 40분 / 40°

현재 시각은 3시 35분입니다. 현 시각부터 분침이 시침보다 770°만큼 더 움직였을 때의 시각을 구하세요.

7시부터 1시간 55분 동안 영화를 보고 나온 후에 시계를 봤을 때, 시침과 분침이 이루는 작은 각의 크기를 구하세요.

1 대표문제

2. 시계와 각도의 활용

무우와 친구들이 대화한 내용이 아래와 같을 때, 친구들이 다시 모여야 하는 시간을 구하세요.

무우 : 여기에서는 각자 원하는 곳을 둘러보고 시간을 정해서 만나기로 하자!

상상 : 지금이 8시 정각이니까 8시와 9시 사이에 시침과 분침이 이루는 각도가 30 ° 일 때 만나자.

알알 : 음.. 8시와 9시 사이에 시침과 분침이 이루는 각도가 30 ° 일 때는 2번인데 ?

제이 : 시간을 좀 넉넉하게 가지기 위해서 2번째로 30 ° 를 이룰 때 만나자!

Step 1 8시에 시침과 분침이 이루고 있는 각도를 구하세요.

Step 2 8시와 9시 사이에 시침과 분침이 정확히 겹치는 시간을 구하세요.

Step 3 8시와 9시 사이에 시침과 분침이 이루는 각이 30°가 되는 시각을 구하고 친구들이 다시 모여야 하는 시간을 적으세요.

문제 해결 TIP

분침과 시침이 일정 각도를 이루는 시각을 구하기 위해서는 먼저 분침과 시침이 정확히 겹치는 시각을 구해서 구할 수 있습니다.

Step 1 시계는 총 12칸이고 한 바퀴는 360˚ 이므로 1 칸은 30˚ 입니다. 따라서 8시에 시침과 분침이 이루는 각의 크기는 240˚, 120˚ 입니다.

Step 2 8시에 시침과 분침이 이루는 큰 각의 크기는 240˚ 입니다. 분침은 1분에 6˚ 씩, 시침은 1분에 0.5˚ 씩 회전하므로 시침과 분침이 정확히 겹치는 시각은 아래의 식을 만족하는 n 값을 구해서 알 수 있습니다. n 값은 8시 이후 시간을 '분'으로 나타낸 것입니다.

$240 + 0.5 \times n = 6 \times n$

$5.5 \times n = 240$이므로 $n = \frac{480}{11}$ 입니다.

따라서 시침과 분침이 정확히 겹치는 시각은 8시 $\frac{480}{11}$ 분입니다.

Step 3 시침과 분침이 이루는 각의 크기가 30˚ 일 때는 시침과 분침이 정확히 겹치는 시간의 앞, 뒤로 있습니다. 시침과 분침은 1분에 5.5˚ 씩 차이가 나므로 30˚ 만큼 차이가 나기 위해 걸리는 시간은 $\frac{60}{11}$ 분입니다.

따라서 8시와 9시 사이에 시침과 분침이 이루는 각의 크기가 30˚ 인 시각은 8시 $\frac{420}{11}$ 분, 8시 $\frac{540}{11}$ 분입니다.

친구들은 두번째로 시침과 분침이 이루는 각의 크기가 30˚ 가 될 때 만나기로 하였으므로, 친구들이 다시 모여야 하는 시간은 8시 $\frac{540}{11}$ 분입니다.

정답 : 120˚, 240˚ / 8시 $\frac{480}{11}$ 분 / 8시 $\frac{420}{11}$ 분, 8시 $\frac{540}{11}$ 분, 8시 $\frac{540}{11}$ 분

7시와 8시 사이에 시침과 분침이 이루는 각의 크기가 수직이 되는 시각을 모두 구하세요.

1 연습문제

01 2시와 3시 사이에 시침과 분침이 이루는 각도가 45°가 되는 시각을 모두 구하세요.

02 7시 이후 시침과 분침이 처음으로 정확히 겹치는 시간을 구하세요.

03 정오(12시)부터 정확히 12시간 동안 시침과 분침이 이루는 각도가 30°가 되는 경우는 총 몇 번일지 구하세요.

04 시침과 분침이 정확히 겹친 후 처음으로 다시 시침과 분침이 정확히 겹칠 때까지 걸리는 시간을 구하세요.

05 정확한 시계에 비해 1시간에 3분씩 느리게 가는 시계 A가 있습니다. 무우는 시계 A가 오전 9시를 가리킬 때, 공부를 시작해서 오후 2시 30분을 가리킬 때 마쳤는데 시계를 보니 정확한 시계와 시계 A 모두 2시 30분을 가리키고 있었습니다. 공부를 시작한 정확한 시각을 구하세요.

1 연습문제

06 3월 1일에 시계 A를 오전 9시로 맞춰놓았는데 6일 후인 3월 7일 오후 4시에 이 시계 A를 보니 오후 4시 44분을 가리키고 있었습니다. 이시계 A는 하루에 몇 분씩 빨라졌는지 구하세요.

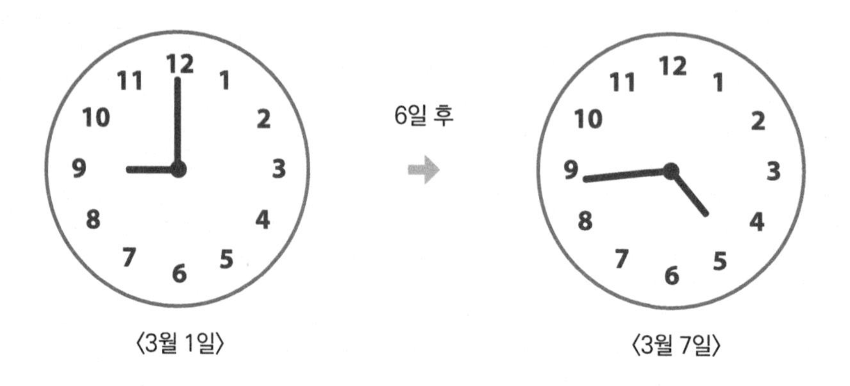

〈3월 1일〉 〈3월 7일〉

07 무우는 4시가 되기 조금 전 시침과 분침이 이루는 작은 각의 크기가 165° 가 될 때부터 6시가 조금 넘었을 때 시침과 분침이 이루는 작은 각의 크기가 110° 가 될 때까지 낮잠을 자고 일어났습니다. 무우가 낮잠을 잔 시간을 구하세요.

08 6시와 7시 사이에 12분 전의 시침의 위치와 4분 후의 분침의 위치가 같아지는 시각을 구하세요.

09 4시와 5시 사이에 시침과 분침이 일직선상에 놓이는 시각을 구하세요.

10 정확한 시계보다 1시간마다 40초씩 느려지는 시계 A와 1시간마다 32초씩 빨라지는 시계 B가 있습니다. 정확한 시계, 시계 A, 시계 B를 모두 오전 10시로 맞춰 놓고 시간이 흘렀을 때, 시계 A가 가리키는 시간과 시계 B가 가리키는 시간이 정확히 10분이 차이날 때의 정확한 시계가 가리키는 시각을 구하세요.

1 심화문제

01 분침이 시계의 눈금 3과 이루는 각의 크기가 시침이 시계의 눈금 3과 이루는 각의 크기의 2배가 되는 2시와 3시 사이의 시각을 구하세요. (단, 2시 15분 이전의 시각은 구하지 않아도 됩니다.)

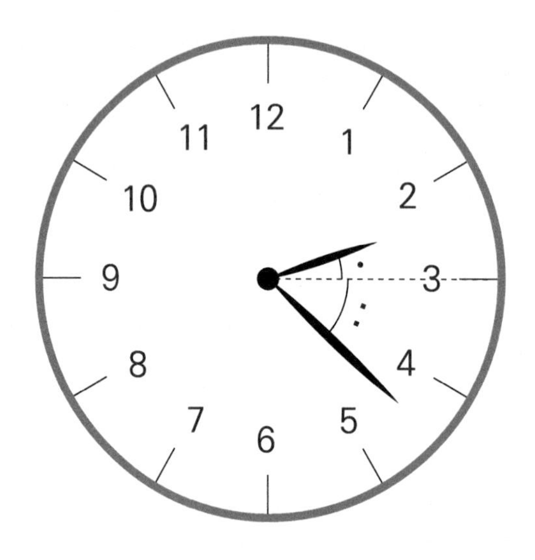

02 시침과 시계의 눈금 12가 이루는 각도를 분침이 2 등분하는 5시와 6시 사이의 시각을 구하세요. (단, 5시 30분 이후의 시각은 구하지 않아도 됩니다.)

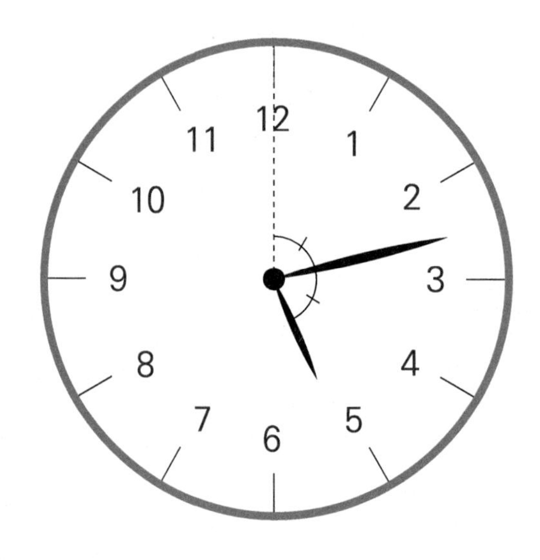

정답 및 풀이 P.05

03 한 시계 기술자는 만우절 한정판으로 원래의 시계의 시침, 분침과 반대 방향으로 시침, 분침이 회전하는 시계를 개발했습니다. 이 한정판 시계는 회전하는 방향만 다르고 1분에 회전하는 각도 등 나머지 부분은 원래의 정확한 시계와 같다고 합니다. 정확한 시계가 12시를 가리키고 있을 때, 이 한정판 시계는 9시 30분을 가리키고 있었습니다. 이 두 시계가 처음으로 같은 시각을 가리키게 되는 시각을 구하세요.

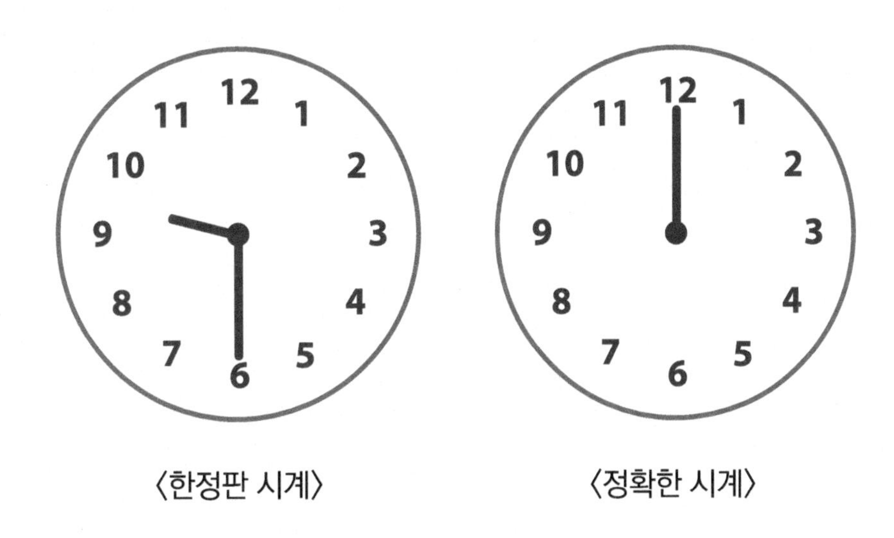

〈한정판 시계〉 〈정확한 시계〉

04 무우에게는 손목시계 A, 탁상시계 B, 정확한 시계 총 3개의 시계가 있습니다. 탁상시계 B는 정확한 시계보다 1시간에 48초 느리게 갑니다. 손목시계 A는 탁상시계 B가 1시간 갈 동안 1시간 48초를 갑니다. 손목시계 A와 정확한 시계는 1시간 동안에 얼마만큼의 시간 차이가 날까요?

1 창의적문제해결수학

01 무우는 1시간을 48분, 1일을 30시간으로 생각해서 움직이는 아래와 같은 시계를 만들었습니다. 이 시계의 시침과 분침이 13시와 14시 사이에서 정확히 겹칠 때의 시각을 구하세요.

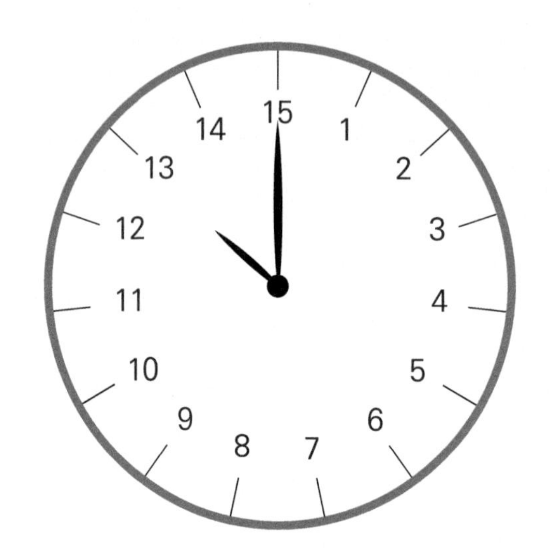

02
창의융합문제

무우와 친구들이 나갔다가 들어올 때까지 걸린 시간이 4시간에서 5시간 사이라면 일행들이 나갔다가 들어올 때까지 걸린 시간을 구하세요.

이탈리아에서 첫째 날 모든 문제 끝!
베네치아 광장으로 이동하는 무한이와 친구들에게 어떤 일이 일어날까요?

나폴레옹 삼각형!

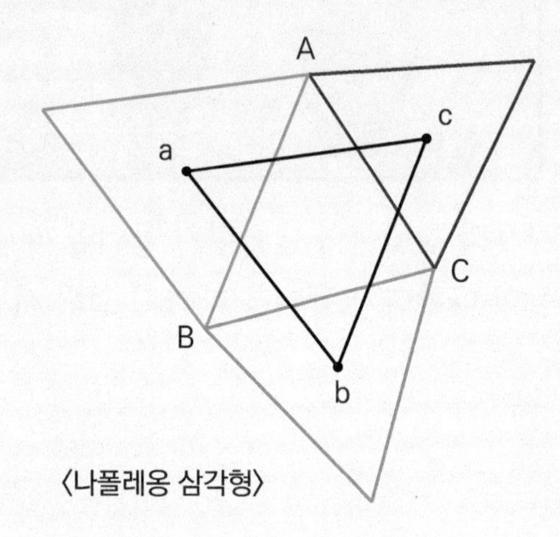

〈나폴레옹 삼각형〉

나폴레옹은 프랑스의 황제로 우리에게 유명하지만 수학에 조예가 깊은 것으로도 유명합니다. 나폴레옹 삼각형은 나폴레옹이 직접 고안한 정리로써 내용은 다음과 같습니다.

'어떤 삼각형이라도 각 변을 한 변으로 하는 정삼각형을 그리고 각 정삼각형의 무게중심을 이으면 반드시 정삼각형이 된다'

그림의 △ ABC의 각 변AB, BC, CA를 각각 한 변으로 하는 파란 정삼각형, 초록 정삼각형, 빨간 정삼각형을 만들고 3개의 정삼각형의 무게중심 a, b, c를 이으면 △abc는 정삼각형이 됩니다. 여기서 무게중심이란 삼각형의 한 꼭지점과 마주보는 변의 중점을 이은 세 선분의 교점을 뜻합니다.

2. 평면도형의 활용

이탈리아
Italy
로마 – 베네치아 광장

이탈리아 둘째 날 DAY 2

무우와 친구들은 이탈리아에 가는 둘째 날, 로마의 <베네치아 광장>에 도착했어요. 무우와 친구들은 둘째 날에 <베네치아 광장>, <제수 성당>, <카피톨리니 미술관>을 여행할 예정이에요. 자, 그럼 <베네치아 광장>에서 만날 수학 문제에는 어떤 것들이 있을까요?

2 단원 살펴보기

▶ 평면도형의 활용

궁금해요 ?

과연 무우가 한 주장은 타당할까요?

베네치아 광장을 도형화시킨 모습이 〈그림〉과 같았습니다. (미술관에서 성당까지의 거리 + 일행들이 있는 곳에서 카페까지의 거리)와 (카페에서 미술관까지의 거리)가 같다는 무우의 주장이 맞는지 판단하세요. (단, 외곽은 정사각형입니다.)

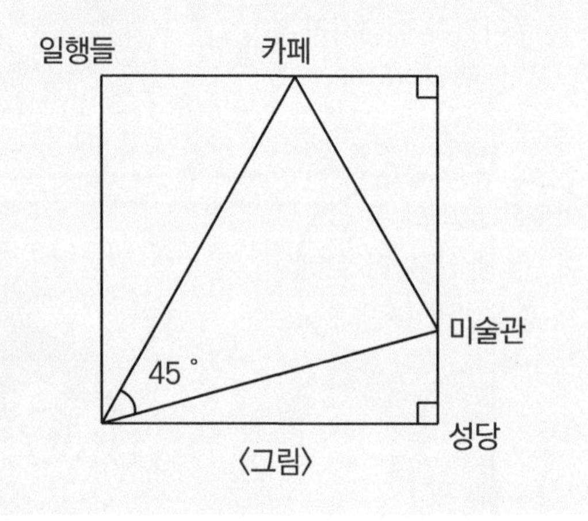

〈그림〉

1 삼각형의 성질

1. 삼각형의 내심

삼각형 ABC의 세 내각을 각각 이등분하는 세 개의 선은 한 점 I에서 만납니다.

이 점 I를 삼각형 ABC의 '내심' 이라고 하며, 내심과 삼각형의 각 변까지의 거리 d가 모두 같으므로 삼각형 ABC의 내부에 접하는 원의 중심이 됩니다.

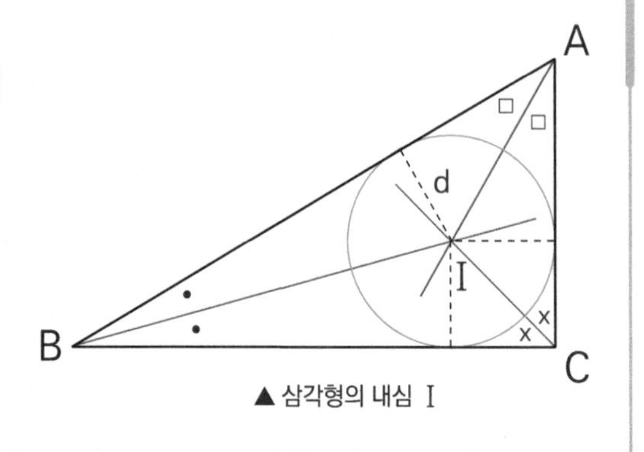

▲ 삼각형의 내심 I

2. 삼각형의 외심

삼각형 ABC의 각 변 AB, BC, CA를 수직이등분하는 세 개의 선은 한 점 O에서 만납니다. 이 점 O를 삼각형 ABC의 '외심'이라고 하며, 삼각형의 각 꼭지점까지의 거리가 모두 같으므로 삼각형 ABC의 외부에 접하는 원의 중심이 됩니다.

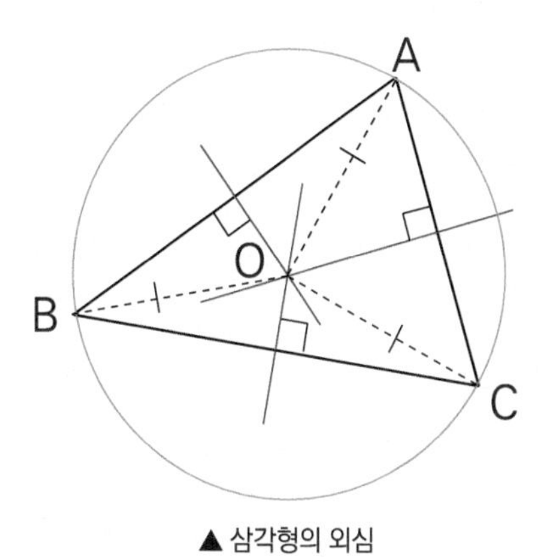

▲ 삼각형의 외심

3. 삼각형의 합동 조건

① 세 변의 길이가 모두 같을 때 (SSS합동)

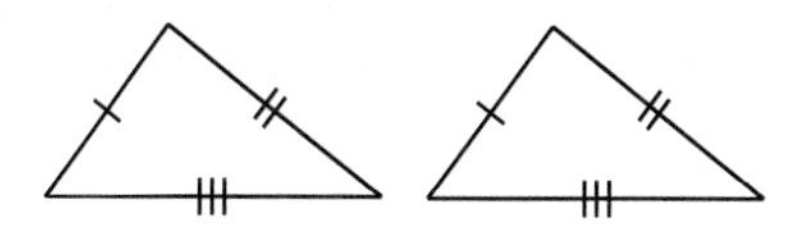

② 두 변의 길이와 끼인 각의 크기가 같을 때 (SAS 합동)

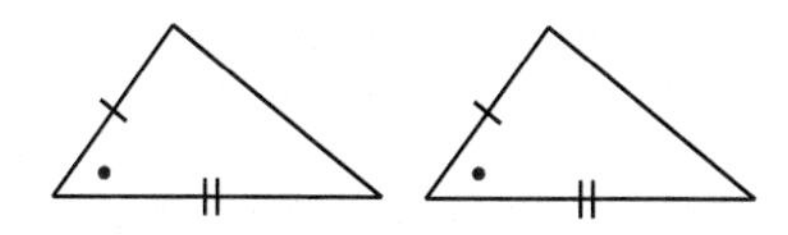

③ 한 변의 길이와 두 각의 크기가 같을 때 (ASA 합동)

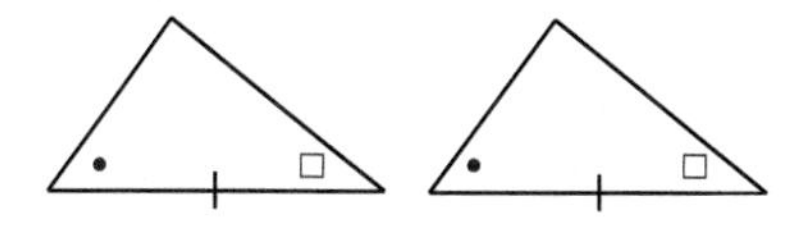

④ 삼각형의 닮음 조건 → 두 각의 크기가 같을 때 (AA 닮음)

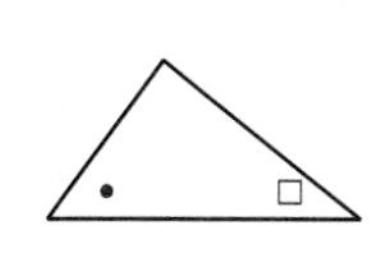
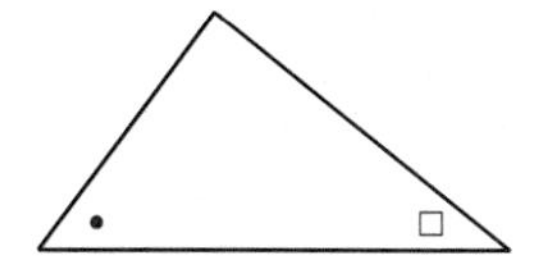

오른쪽 그림과 같이 △DFE 와 합동인 삼각형이 되도록 점 G를 잡고 보조선을 그립니다. 그러면 △GFA와 △DFE는 합동이므로 선분 GF = 선분 DF입니다.
또한 ∠BFD = 45˚로 주어져 있고 ∠AFE = 90˚이므로 ∠AFB + ∠DFE = 45˚입니다. ∠DFE = ∠GFA이므로 결국 ∠AFB + ∠DFE = ∠AFB + ∠GFA = ∠GFB = 45˚입니다.
따라서 선분 GF = 선분 DF이고 선분 BF는 공통이고 그 끼인각의 크기가 45˚로 같기 때문에 △GFB와 △BFD는 합동이 됩니다.
두 삼각형이 합동이기 때문에 선분 GB = 선분 BD이고
선분 GB = 선분 AB + 선분 GA = 선분 AB + 선분 DE이므로
무우의 주장은 맞다는 결론을 얻을 수 있습니다.

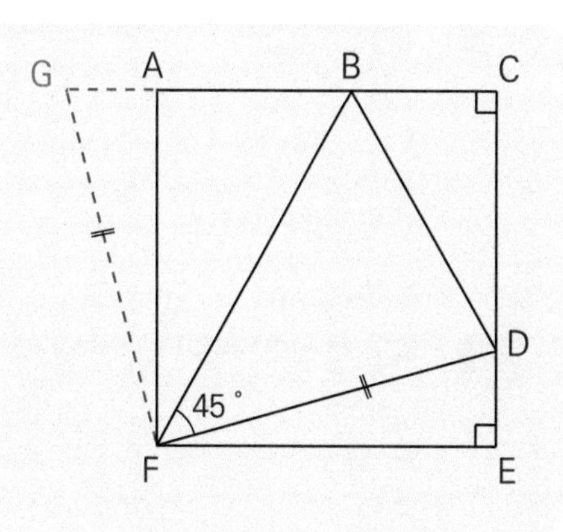

2 대표문제

1. 합동, 닮음의 활용

무우가 본 문양을 도형화하면 오른쪽과 같습니다. 이 문양은 큰 원의 내부에 합동인 6개의 정삼각형이 있고 각 정삼각형의 내부에 내접원이 있는 모양입니다. 큰 원의 넓이가 $300\ \mathrm{cm}^2$ 이라면 각 정삼각형의 내접원의 넓이의 합을 구하세요.

Step 1 큰 원에 외접하는 정삼각형을 그리세요.

Step 2 **Step 1** 에서 그린 정삼각형과 큰 원의 내부에 있는 1개의 정삼각형의 넓이의 비를 구하세요.

Step 3 각 정삼각형의 내접원의 넓이의 합을 구하세요.

문제 해결 TIP

밑변과 높이가 같은 삼각형의 넓이는 같습니다.

Step 1 오른쪽 그림과 같이 외접하는 정삼각형을 그릴 수 있습니다.

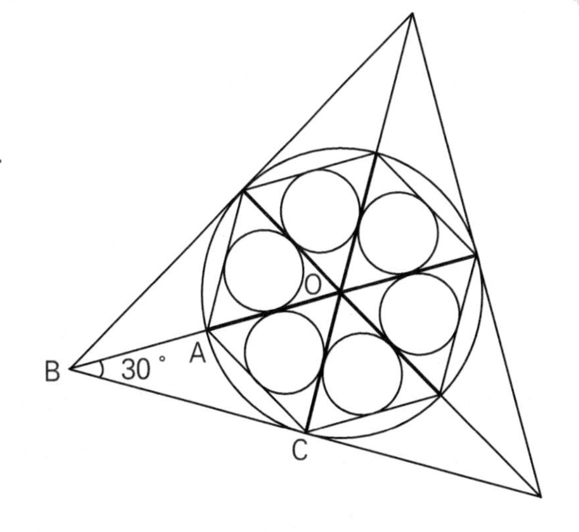

Step 2 큰 원의 중심을 점 O 라고 합니다. 큰 원에 외접하는 삼각형이 정삼각형이므로 △OBC의 넓이는 외접하는 정삼각형의 넓이의 $\frac{1}{6}$ 입니다. 또한△OAC가 정삼각형이고 ∠BCO = 90 ° 이므로 선분 OA = 선분 AB이고 △BCA와 △OAC의 높이는 같으므로 이 두 삼각형의 넓이는 같습니다. 따라서 △OAC의 넓이는 외접하는 정삼각형 넓이의 $\frac{1}{12}$ 입니다. 따라서 넓이의 비는 12 : 1입니다.

Step 3 큰 원과 큰 원에 외접하는 정삼각형의 모습과 큰 원의 내부에 있는 정삼각형과 정삼각형의 내접원의 모습은 닮음입니다. 따라서 외접하는 정삼각형과 △OAC의 넓이의 비가 12 : 1이므로 큰 원과 원의 내부의 정삼각형의 내접원의 넓이의 비도 12 : 1입니다. 큰 원의 넓이가 300이므로 내접원의 넓이는 300 ÷ 12 = 25입니다. 따라서 내접원의 넓이의 합은 25 × 6 = 150입니다.

정답 : 풀이과정 참고 / 12 : 1 / 150 cm^2

직사각형에서 △ㄱㅁㄹ 과 □ㄴㄷㅂㅁ 의 넓이의 비를 구하세요.

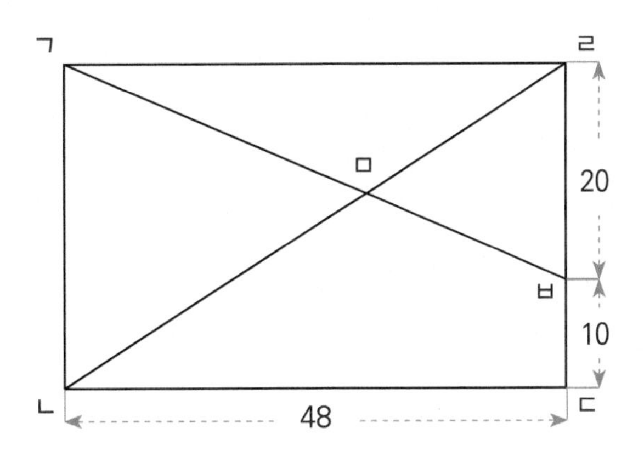

2. 내심 , 외심의 활용

오른쪽 도형에서 선분 CD = 선분 BD, 선분 AB = 선분 OB = 선분 CO입니다. △ABC와 △BCD는 모두 직각삼각형입니다. 점 O는 두 직각삼각형의 외심이며 △ABC의 내심을 I_1, △BCD의 내심을 I_2 라고 한다면, $\angle I_1OI_2$ 의 크기를 구하세요. (단, $\angle I_1OI_2$ 의 크기는 180°보다 작습니다.)

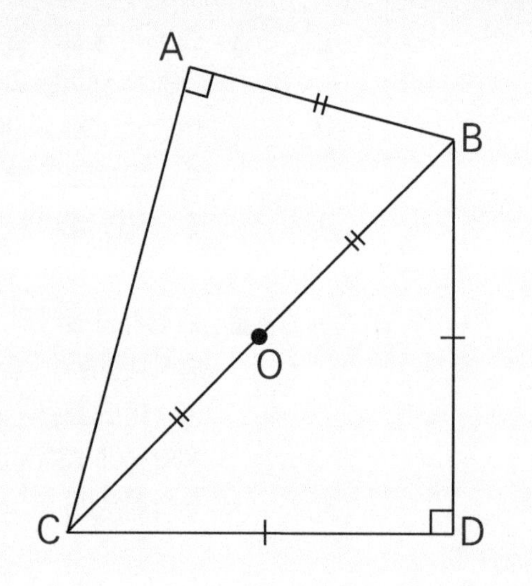

Step 1 두 직각삼각형의 내심 I_1, I_2를 그리세요.

Step 2 선분 AO와 선분 OD를 그려보고 △AOB와 △COD가 각각 무슨 삼각형일지 구하세요.

Step 3 180°보다 작은 $\angle I_1OI_2$ 의 크기를 구하세요.

문제 해결 TIP

내심은 각의 이등분선의 교점이며, 외심은 변의 수직이등분선의 교점입니다.

Step 1 오른쪽 그림과 같이 각 직각삼각형의 내각의 이등분선을 그려서 교점을 찾으면 두 내심 I_1, I_2를 찾을 수 있습니다.

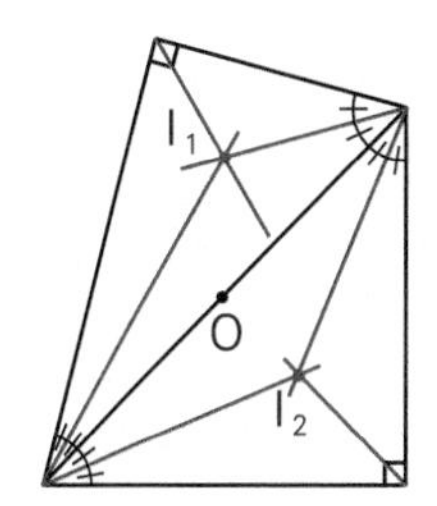

Step 2 오른쪽 그림과 같이 선분 AO, OD를 긋습니다. △BCD가 직각이등변삼각형이므로 선분 OD는 ∠CDB의 이등분선이자 선분 BC의 수직이등분선이 됩니다. △OCD는 직각이등변삼각형이 됩니다.
점 O가 △ABC의 외심이므로 선분 AO 와 선분 BO 는 외접원의 반지름입니다. 선분 AB = 선분 OB인 조건이므로, 선분 AO = 선분 BO = 선분 AB이므로 △AOB는 정삼각형입니다.

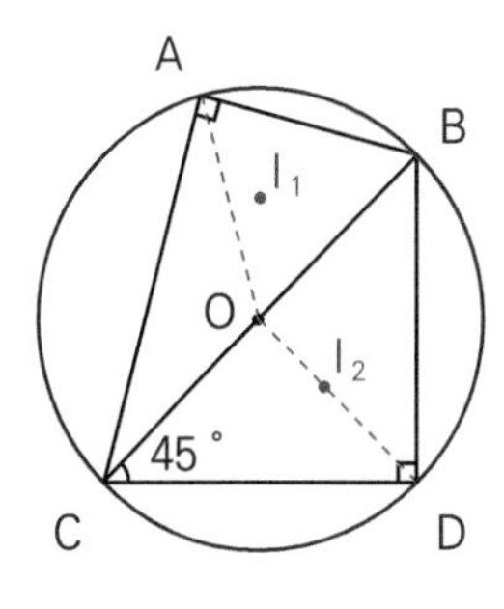

Step 3 △AOB가 정삼각형이므로 ∠BAO = 60° 이고 I_1 은 내심이므로 ∠BAI_1 은 직각의 절반인 45° 입니다. ∠AOC는 120° 이고, 선분 AO = 선분CO 이므로 ∠OAC = 30° 입니다. 따라서 ∠OAI_1 = 15° 입니다.
또한 △AOB가 정삼각형이므로 ∠ABO 의 이등분선은 선분 AO를 수직이등분합니다.
따라서 ∠OAI_1 = ∠AOI_1입니다.
즉, $\angle I_1OI_2 = \angle AOB + \angle BOD - \angle AOI_1 = 60° + 90° - 15° = 135°$ 입니다.

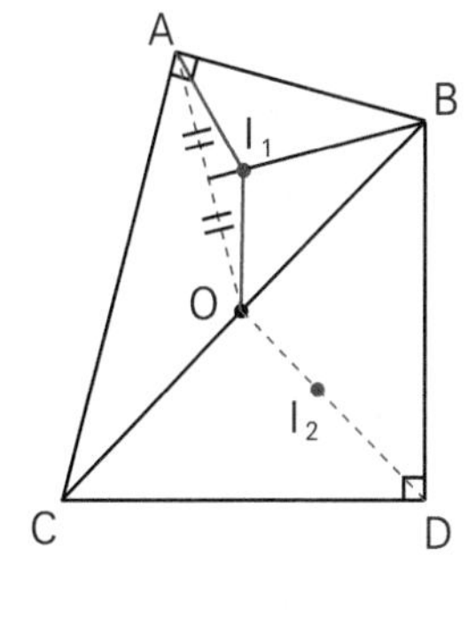

정답 : 풀이과정 참고 / △AOB : 정삼각형, △COD : 직각이등변삼각형 / 135°

변의 길이가 15, 20, 25인 직각삼각형의 내접원, 외접원의 반지름의 길이를 구하세요.

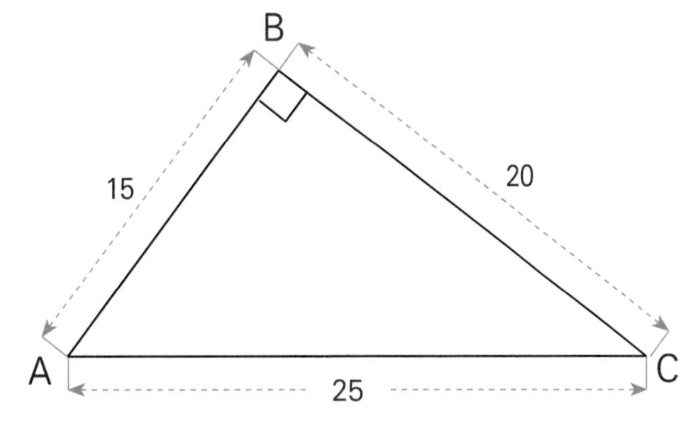

2 연습문제

01

△ㄱㄴㄷ에서 선분 ㄱㄴ의 길이는 11, 선분 ㄱㄷ의 길이는 9이고 점 I는 내심입니다. 점 I를 지나면서 선분 ㄴㄷ과 평행한 선분 ㄹㅁ을 그렸을 때, △ㄱㄹㅁ의 둘레의 길이를 구하세요.

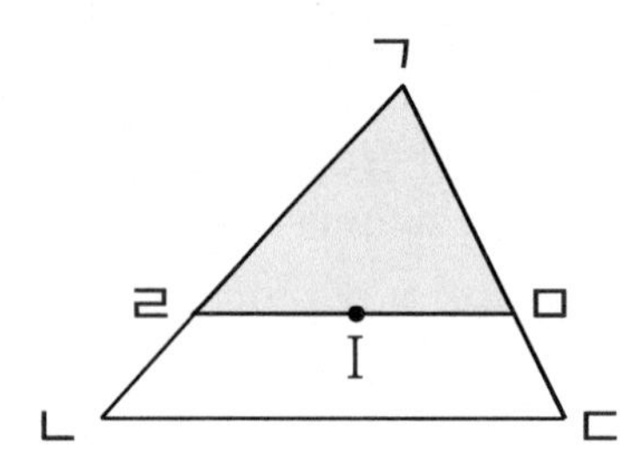

02

점 O는 △ㄱㄴㄷ의 외심입니다. ∠ㄱㅁㄴ의 크기를 구하세요.

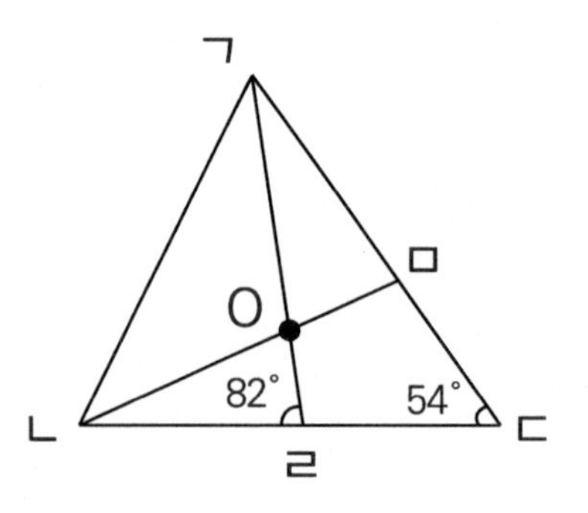

03

점 O는 원의 중심입니다. 선분 ㅇㄷ을 그리면 선분 ㅇㄷ과 선분 ㄴㄷ이 직각이 될 때, ∠ㄱㄴㄷ의 크기를 구하세요.

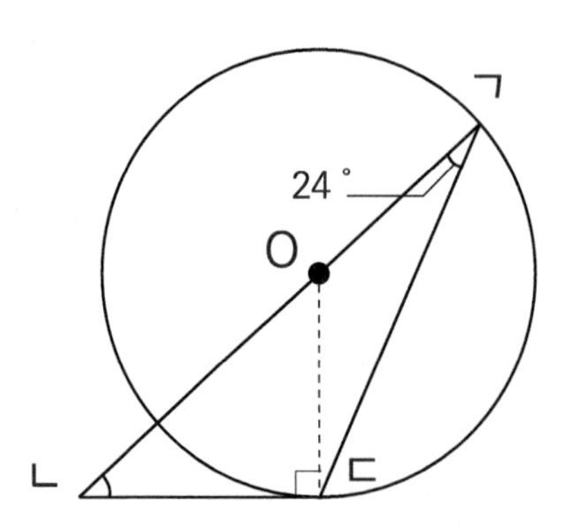

04 아래와 같이 직각삼각형의 외접원과 내접원을 그렸습니다. 선분 ㄱㄴ의 길이는 5이고 외접원의 반지름의 길이를 R, 내접원의 반지름의 길이를 r 이라고 할 때, $R + r = \frac{17}{2}$, $R - r = \frac{9}{2}$ 입니다. △ㄱㄴㄷ의 둘레의 길이를 구하세요.

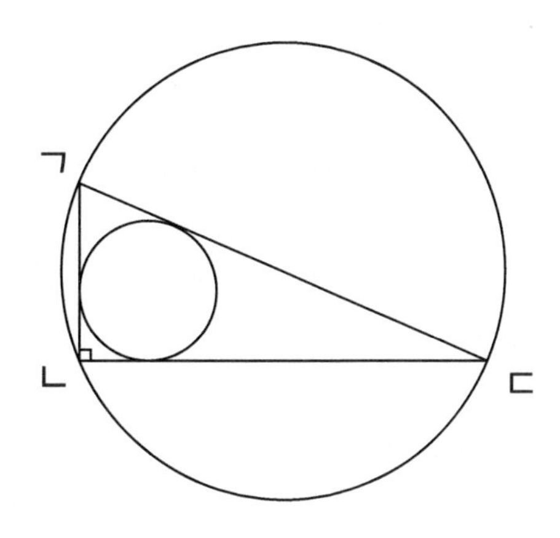

05 아래와 같이 원의 둘레를 12 등분하였습니다. ∠ㄱㅁㅂ 의 크기를 구하세요.

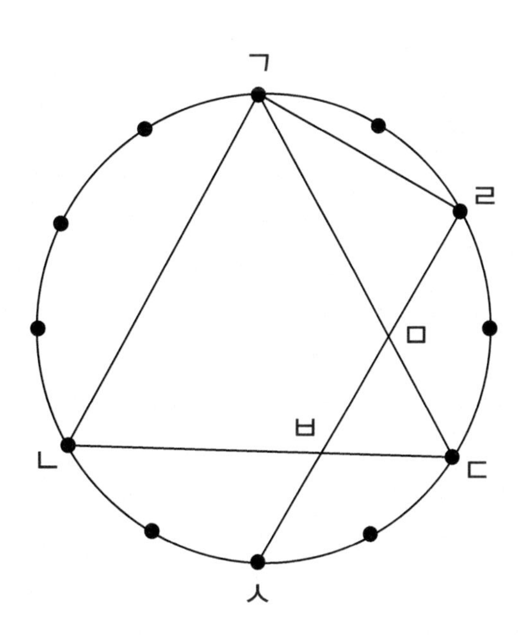

2 연습문제

06 점 O는 직각삼각형 ㄱㄴㄷ의 외심입니다. 선분 ㄴㅇ을 그렸을 때, △ㄴㄷO의 넓이가 60이라면 선분 ㄱㄴ의 길이를 구하세요.

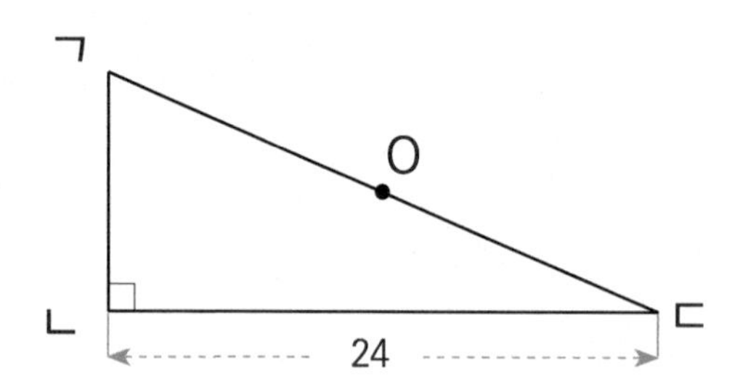

07 밑변의 길이가 15, 높이가 20인 직사각형에 반원을 붙여서 만든 도형입니다. 점 ㅁ은 호 ㄱㄴ의 중심일 때, 색칠된 부분의 넓이를 구하세요. (단, π는 3.14로 계산합니다.)

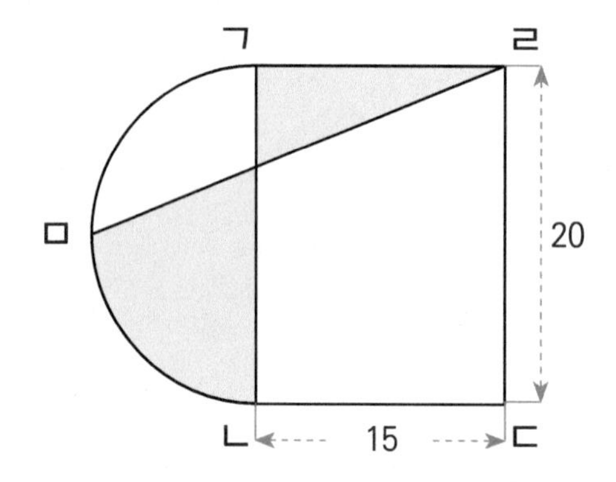

08 △ㄱ'ㄴ'ㄷ과 △ㄱㄴㄷ은 합동이며 △ㄱ'ㄴ'ㄷ은 △ㄱㄴㄷ을 점 ㄷ을 중심으로 반시계 방향으로 20° 회전시킨 모습입니다. ∠ㄱ'ㄷㄴ의 크기를 구하세요.

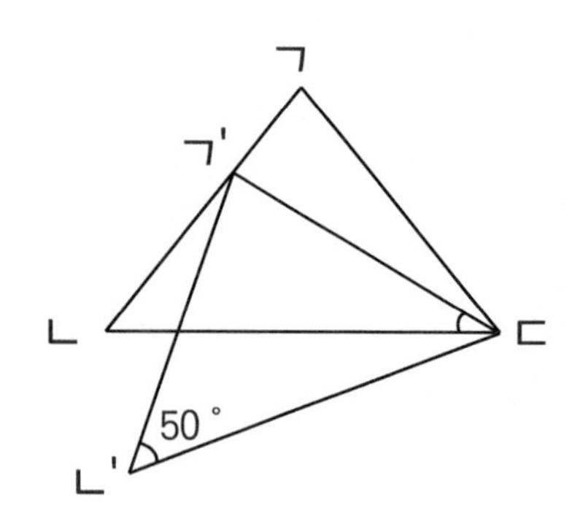

09 □ㄱㄴㄷㄹ 은 정사각형이고 △ㅁㅂㄷ과 △ㄹㅅㄷ은 정삼각형입니다. ∠ㅅㅇㅁ의 크기를 구하세요.

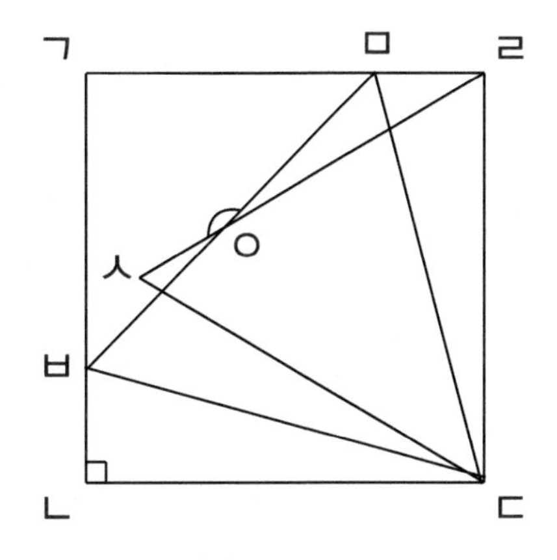

10 점 I는 삼각형 ㄱㄴㄷ의 내심입니다. ∠ㄱㄴㄷ 의 크기를 구하세요.

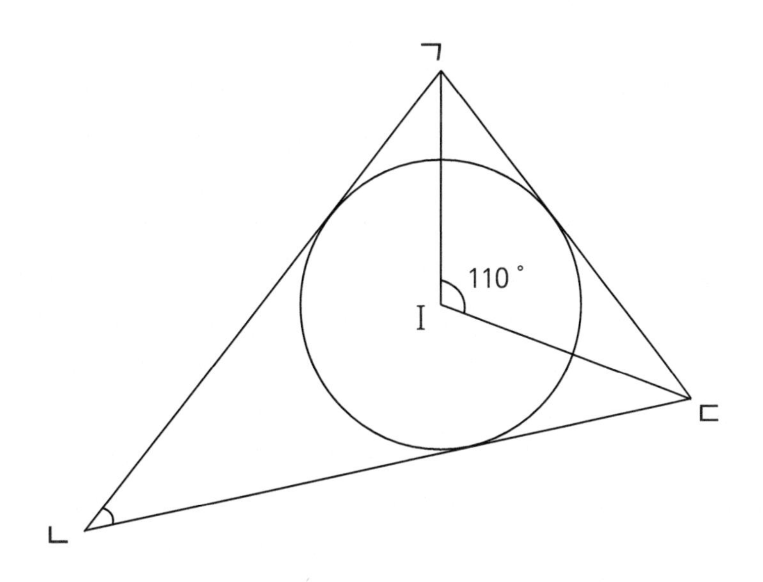

2 심화문제

01 점 O는 △ㄱㄴㄷ의 외심, 점 I는 △ㄱㄴㄷ 의 내심입니다. ∠Iㄱ O의 크기를 구하세요.

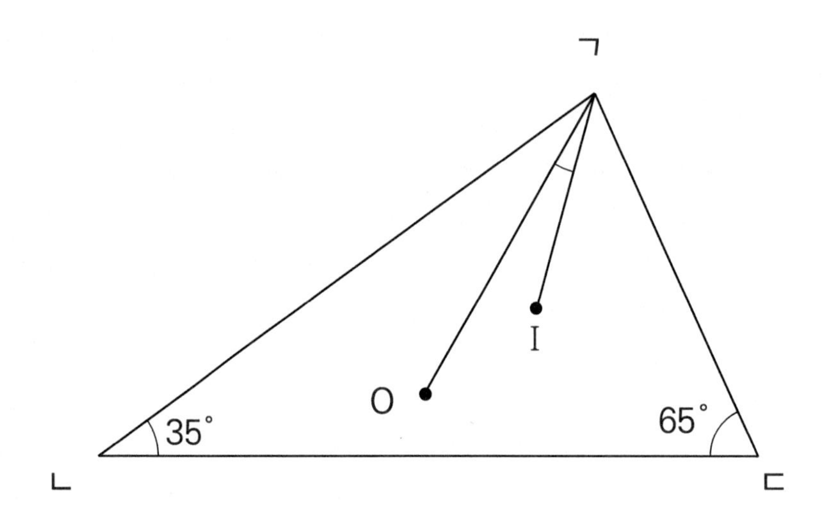

02 직사각형 ㄱㄴㄷㄹ을 선분 ㅁㅂ = 선분 ㄹㅂ이 되도록 점 ㅁ, ㅂ을 잡아서 4개의 직각삼각형 ㄱㄴㅁ, ㄱㅁㅂ, ㅁㄷㅂ, ㄱㅂㄹ으로 나누었습니다. 이 4개의 직각삼각형에 각각 내접원을 그렸을 때, 가장 큰 원과 가장 작은 원의 넓이의 비를 구하세요.

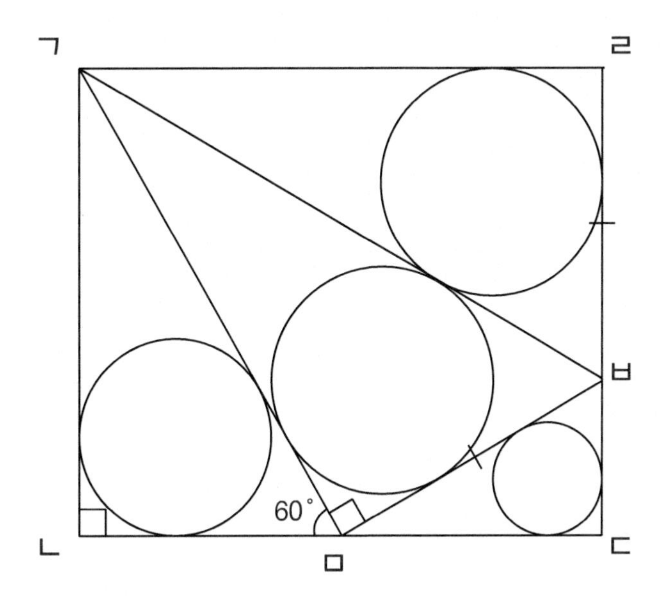

03 한 변의 길이가 12, 16, 20인 직각삼각형 ㄱㄴㄷ에서 점 ㄹ과 ㅁ은 각각 선분 ㄱㄴ, ㄱㄷ의 중점입니다. 색칠된 부분의 넓이를 구하세요.

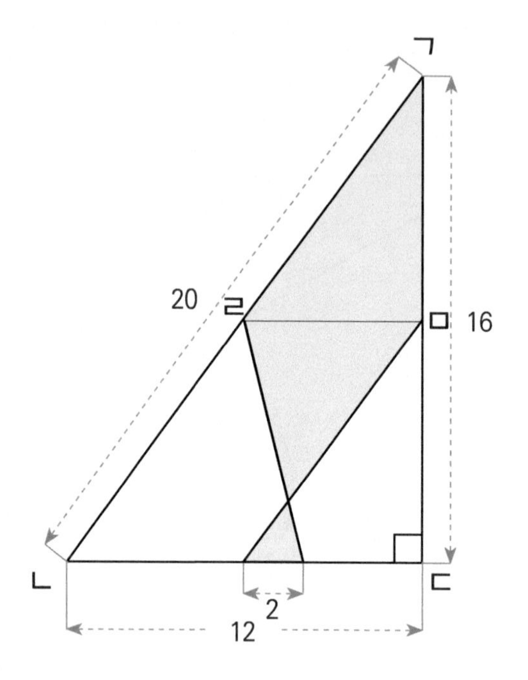

정답 및 풀이 P.12

04 한 변의 길이가 24인 정사각형 5개를 붙이고 3개의 선분을 그었습니다. 색칠된 삼각형의 넓이를 구하세요.

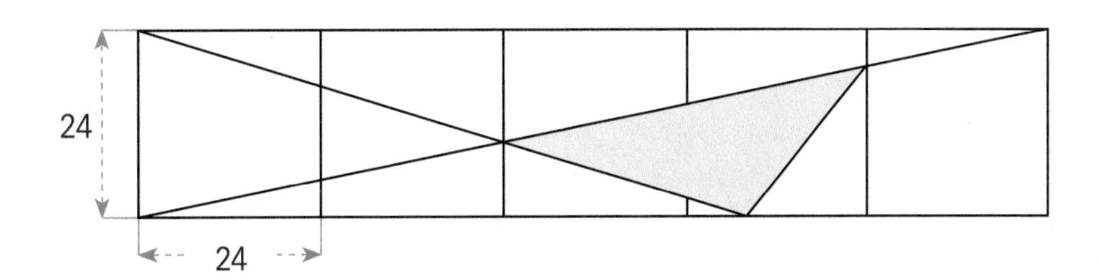

2 창의적문제해결수학

01 각 변의 길이가 15, 20, 25인 직각삼각형의 내부에 합동인 2개의 원을 완전히 접하도록 그렸습니다. 내부에 그린 원의 반지름의 길이를 구하세요.

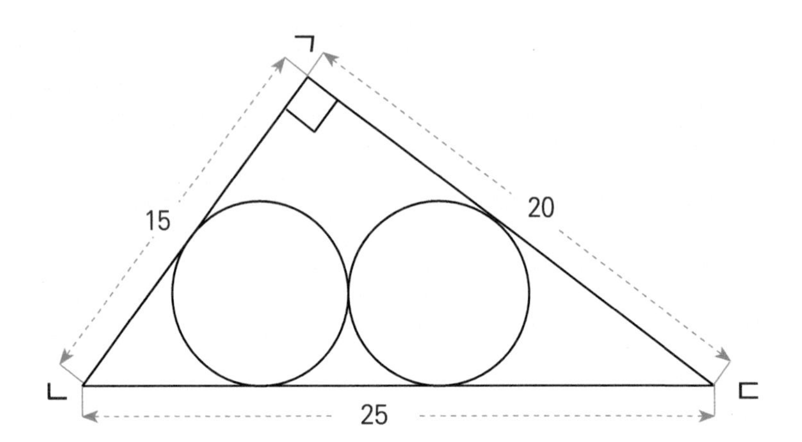

정답 및 풀이 P.13

02
창의융합문제

베네치아 광장에는 <보기>와 같이 직각삼각형 ㄱㄴㄷ모양의 블럭이 있었습니다. 로마시에서는 이 블럭에 화장실을 설치할 때 모든 도로 ㄱㄴ, ㄴㄷ, ㄷㄱ로 부터의 최단거리가 가장 짧은 점 I를 생각해서 그 위치에 화장실을 설치하였습니다.

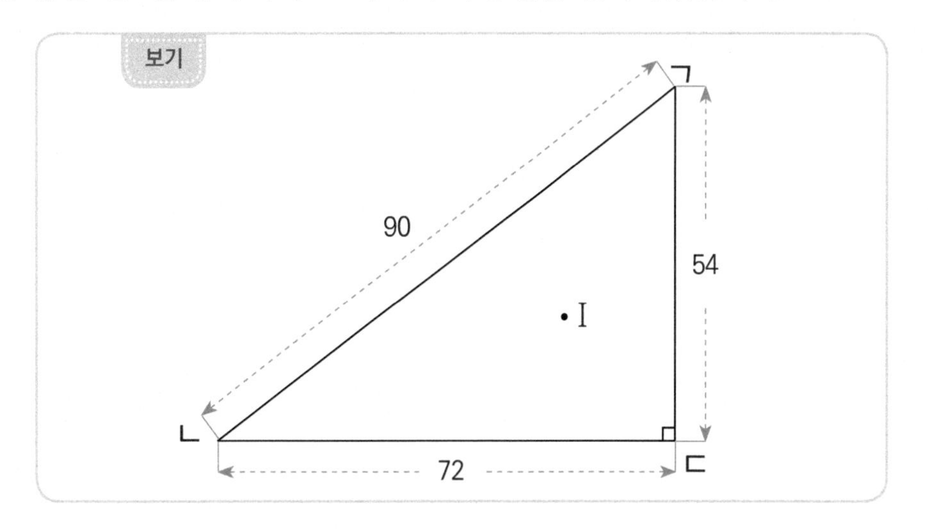

로마시에서는 이 블럭을 아래와 같이 보수공사했습니다. 먼저 □ㄹㄴㅁㅂ이 마름모가 되는 점 ㄹ, ㅁ, ㅂ을 잡아서 이 부분에 물을 채운 후 분수대를 설치하고 나머지 직각삼각형 ㄱㄹㅂ, ㅂㅁㄷ의 내부에 위의 <보기>와 같이 각 도로와의 최단거리가 같은 점 I_1, I_2를 생각해서 화장실을 2 개 설치하려 합니다. I_1과 선분 ㄹㅂ까지의 최단거리, I_2와 선분 ㅂㅁ까지의 최단거리를 각각 구하세요.

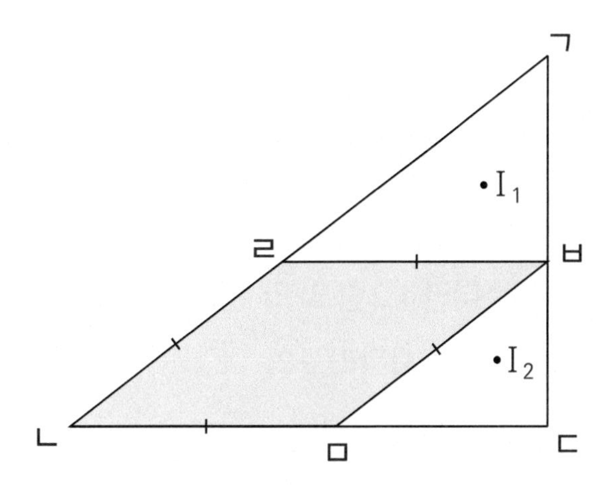

이탈리아에서 둘째 날 모든 문제 끝!
폼페이 유적으로 이동하는 무우와 친구들에게 어떤 일이 일어날까요?

픽의 정리 ?

오스트리아의 수학자 '게오르그 픽' 은 격자점 위의 단순 다각형에서 다각형의 변 위의 점의 수와 다각형 내부의 점의 수를 이용하여 해당 다각형의 넓이를 구하는 방식을 발견하였습니다. 이것을 픽의 정리라고 합니다. 픽의 정리는 다음과 같습니다.

〈픽의 정리〉

점과 점 사이의 거리가 1인 격자에 그려진 도형의 넓이는 다음과 같은 공식으로 구합니다.

$$(\text{도형의 넓이}) = \frac{(\text{도형의 변 위의 점의 개수})}{2} + (\text{도형 내부의 점의 개수}) - 1$$

오른쪽 <그림 1>의 도형으로 픽의 정리를 확인해 봅니다. 픽의 정리를 이용하지 않는다면 <그림 2>와 같이 도형을 나누어서 삼각형의 넓이와 사다리꼴의 넓이를 구해서 전체 도형의 넓이를 구해야 합니다.

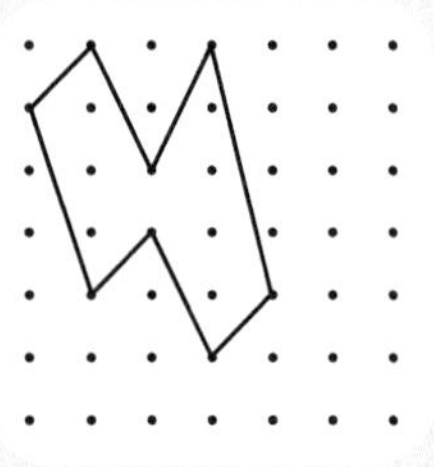

〈그림 1〉 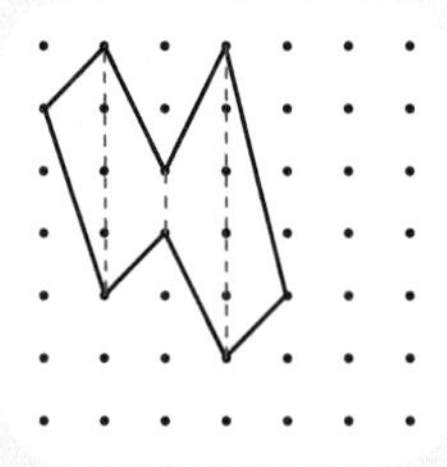 〈그림 2〉

하지만 (도형의 변 위의 점의 개수) = 8, (도형 내부의 점의 개수) = 7이므로 픽의 정리를 이용하면 $\frac{8}{2} + 7 - 1 = 10$ 이 도형의 넓이라는 것을 쉽게 구할 수 있습니다.

3. 도형의 넓이

이탈리아 셋째 날 DAY 3

무우와 친구들은 이탈리아에 가는 셋째 날, <폼페이 유적>을 여행할 예정이에요. <폼페이 유적> 에서 만날 수학 문제에는 어떤 것들이 있을까요? 즐거운 수학여행 출발~!

궁금해요 ?

무우와 친구들은 도형화된 폼페이 지도를 보고 무엇을 알 수 있을까요?

무우가 보던 폼페이의 지도 중 일부분을 도형화 시킨 모습이 아래와 같습니다. 이 도형에서 색칠된 부분의 넓이를 구하세요.

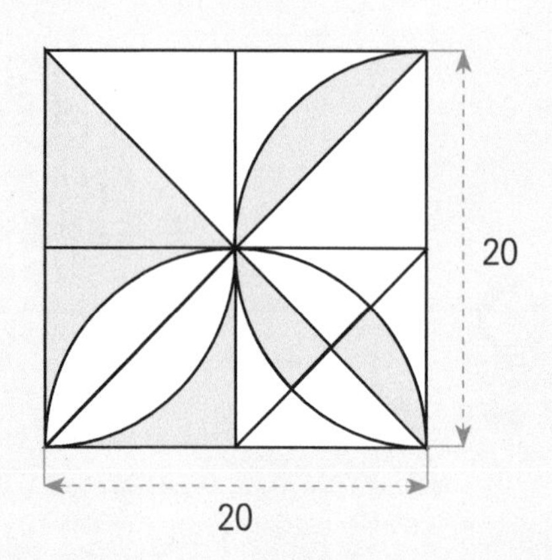

1 다양한 넓이 구하는 방법

1. 도형을 잘라서 알기 쉬운 도형과 비교하는 방법

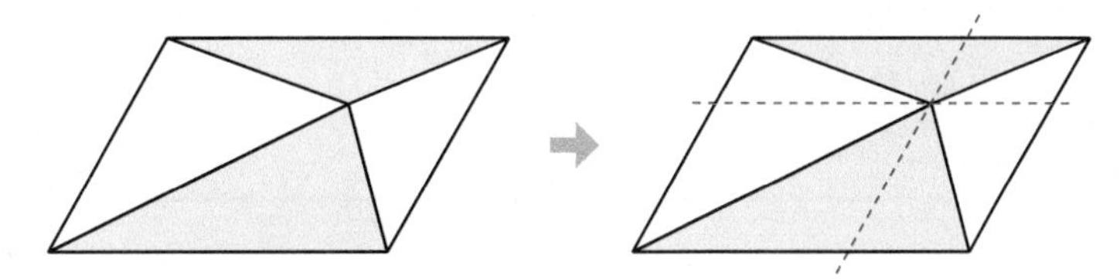

위와 같이 잘라서 비교하면 칠해진 부분의 넓이는 전체 평행사변형 넓이의 절반이라는 것을 쉽게 알 수 있습니다.

2. 도형을 붙여서 알기 쉬운 도형으로 만드는 방법

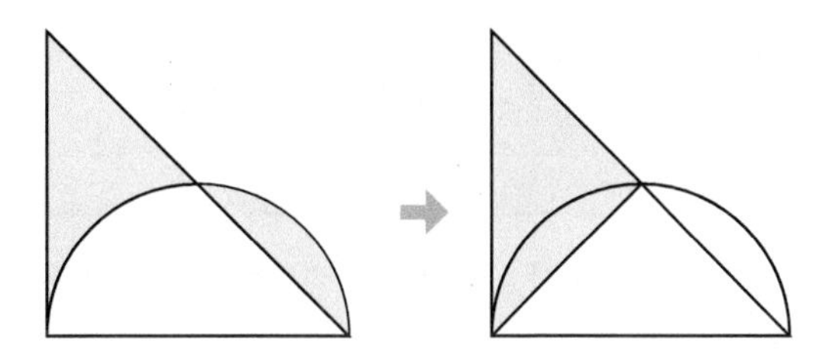

위의 그림과 같이 칠해진 부분을 옮겨서 붙이면 쉽게 넓이를 구할 수 있습니다.

3. 픽(Pick)의 정리 활용

점과 점 사이의 거리가 1인 격자에 그려진 도형의 넓이는 다음과 같은 공식이 성립합니다.

〈픽의 정리〉

$$(\text{도형의 넓이}) = \frac{(\text{도형의 변 위의 점의 개수})}{2} + (\text{도형 내부의 점의 개수}) - 1$$

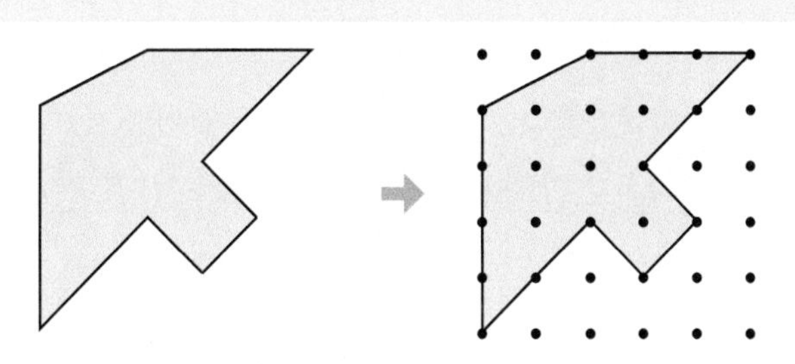

넓이 : $\frac{15}{2} + 7 - 1 = \frac{27}{2}$

위의 그림과 같이 도형이 점과 점 사이의 길이가 1인 격자점 위에 있다고 생각하면 픽의 정리를 이용해서 쉽게 넓이를 구할 수 있습니다.

오른쪽 그림과 같이 도형을 옮겨 붙이면 색칠된 부분의 넓이는 사다리꼴의 넓이와 같다는걸 알 수 있습니다.
한 변의 길이가 20인 정사각형의 내부에 있는 사다리꼴이므로 색칠된 부분의 넓이는 다음과 같습니다.

$(20 + 10) \times 10 \times \frac{1}{2} = 150$

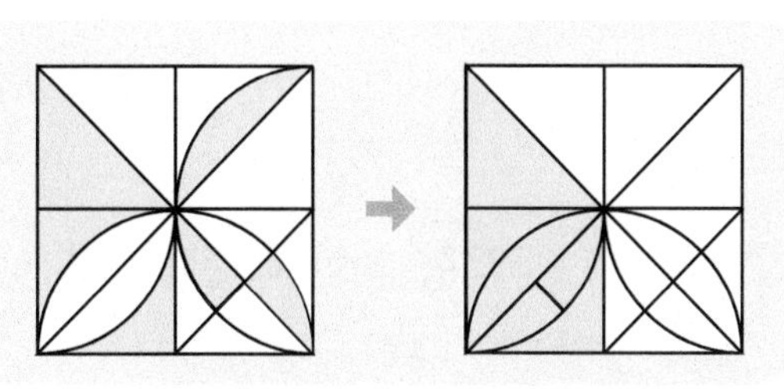

3 대표문제

1. 겹쳐진 도형의 넓이

아래와 같이 한 변의 길이가 10인 정사각형의 일부분이 화산재에 덮혀있습니다. 화산재에 덮힌 부분의 넓이를 구하세요. (단, 덮힌 부분은 한 변의 길이가 10인 정사각형의 일부분이며 점 O 는 정사각형의 중심입니다.)

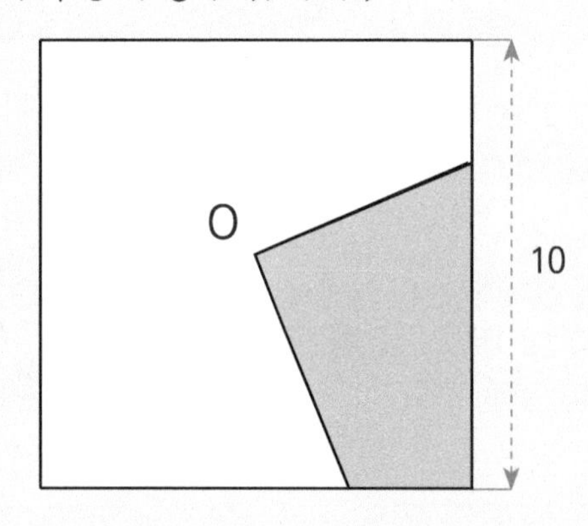

Step 1 회색으로 칠해진 부분을 포함하는 한 변의 길이가 10인 정사각형을 그리세요.

Step 2 Step 1 에서 그린 정사각형을 점 O를 중심으로 회전시켜 넓이를 구하기 쉬운 모양으로 만드세요.

Step 3 정사각형과 회색으로 칠해진 부분의 넓이의 비를 구하고 회색으로 칠해진 부분의 넓이를 구하세요.

Step 1 아래 그림과 같이 선을 연장하여 한 변의 길이가 10인 정사각형을 만들 수 있습니다.

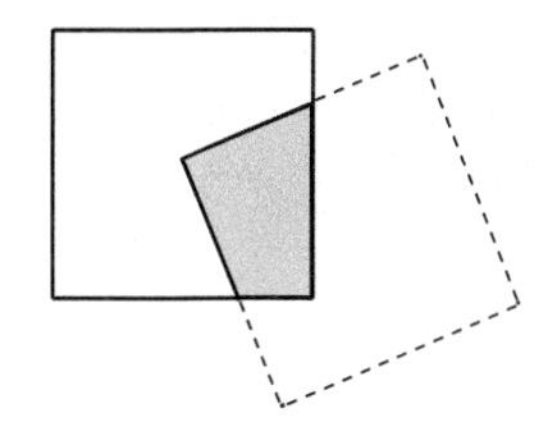

Step 2 아래 그림과 같이 2가지 방법으로 회전을시키면 쉽게 넓이를 구할 수 있는 삼각형, 사각형 모양을 만들 수 있습니다.

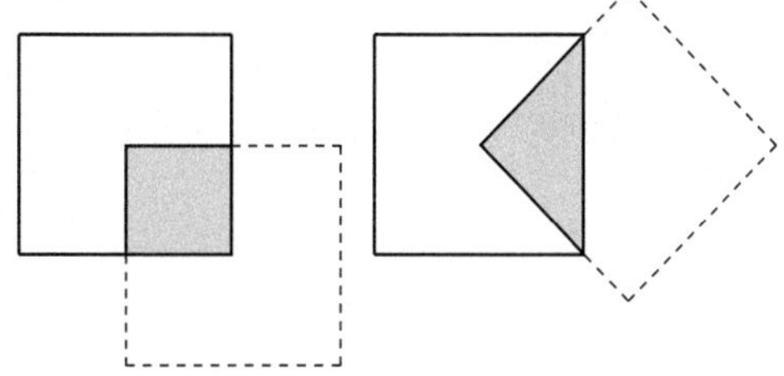

오른쪽 그림에서 △ABO 와 △CDO가 합동이 되기 때문에 회전 해도 색칠된 부분의 넓이는 같습니다.

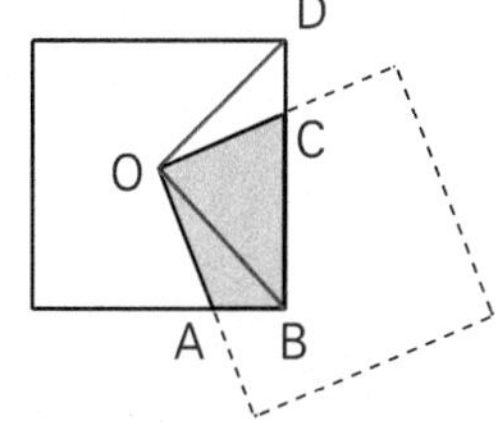

Step 3 위에서 회전시켜 만든 도형은 직접 넓이를 구하지 않더라도 점 O가 정사각형의 중심이므로 정사각형과의 넓이의 비가 1 : 4 라는 것을 알 수 있습니다. 따라서 정사각형의 넓이가 100이므로 색칠된 부분의 넓이는 25입니다.

정답 : 풀이과정 참고 / 풀이과정 참고 / 25

직각삼각형과 정사각형이 겹쳐져 있는 모습입니다. 색칠된 부분의 넓이를 구하세요.

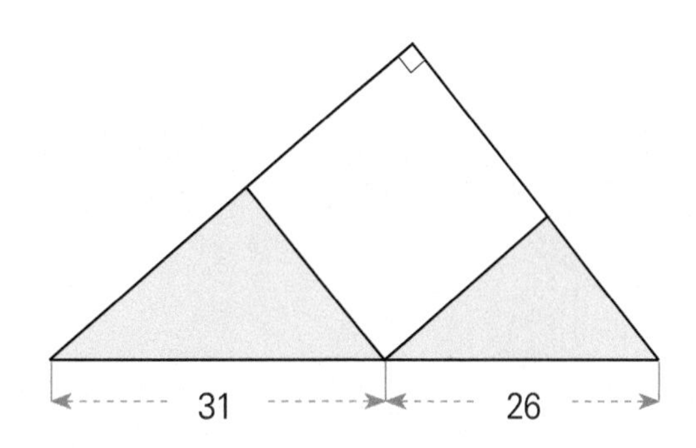

3 대표문제

2. 기하판에서의 픽의 정리

점과 점 사이의 거리는 1입니다. 오른쪽 그림의 도형의 넓이를 30초 안에 구하세요. 30초안에 풀면 주스를 무료로 드립니다.

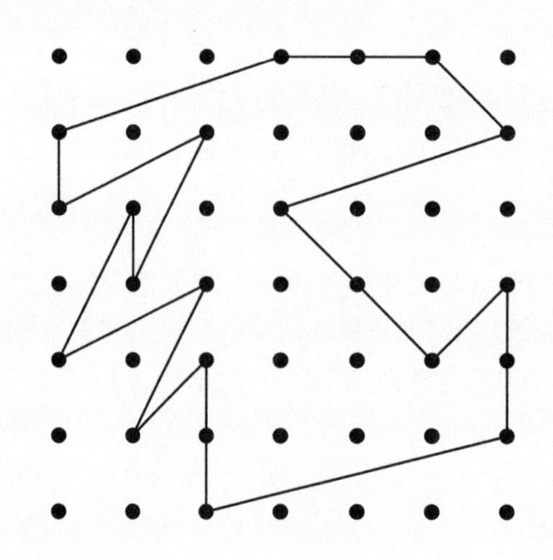

Step 1 픽의 정리 공식을 적으세요.

Step 2 도형의 변 위에 있는 점의 개수와 도형의 내부에 있는 점의 개수를 구하세요.

Step 3 해당 도형의 넓이를 구하세요.

Step 1 픽의 정리는 다음과 같습니다.
점과 점 사이의 거리가 1인 격자에 그려진 도형의 넓이는 변 위의 점의 개수, 내부의 점의 개수와 아래와 같은 관련이 있습니다.

$$(\text{도형의 넓이}) = \frac{(\text{도형의 변 위의 점의 개수})}{2} + (\text{도형 내부의 점의 개수}) - 1$$

Step 2 문제의 도형의 변 위에 있는 점의 개수는 21 개, 도형의 내부에 있는 점의 개수는 11 개입니다.

Step 3 픽의 정리에 따라 주어진 도형의 넓이는 $\frac{21}{2} + 11 - 1 = 20.5$입니다.

정답 : 풀이과정 참고 / 변 위에 있는 점의 개수 : 21 개, 내부에 있는 점의 개수 11 개 / 20.5

점과 점 사이의 거리는 1입니다. 이 격자판에 모든 꼭지점이 점 위에 있고 내부에 있는 점의 개수는 3 개, 넓이는 18인 도형을 그리세요.

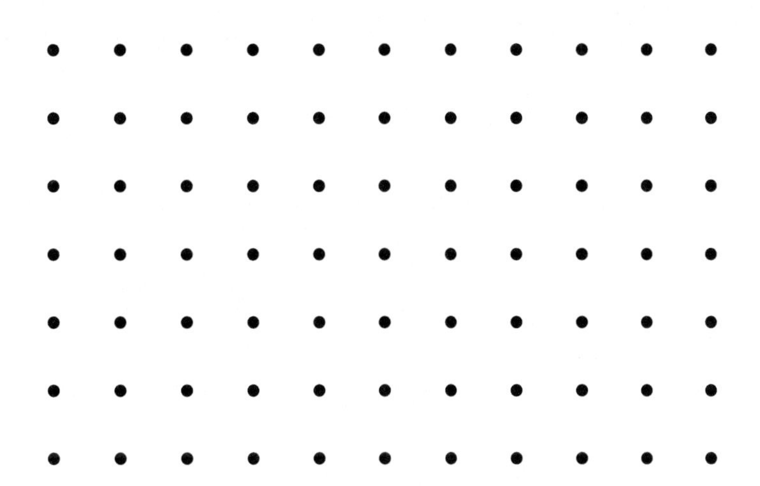

3 연습문제

01 점과 점 사이의 거리는 1입니다. 해당 점들을 이어서 사각형을 만들 때, 넓이가 4인 사각형을 3가지 이상 구하세요. (단, 모양이 같은 사각형은 한가지로 봅니다.)

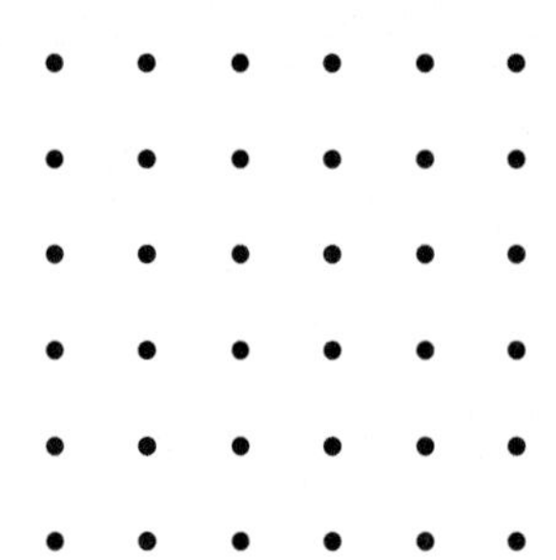

02 작은 정사각형, 원, 큰 정사각형을 겹쳐 놓았습니다. 원의 넓이가 314일 때, 색칠된 부분의 넓이를 구하세요. (단, π 는 3.14로 계산합니다.)

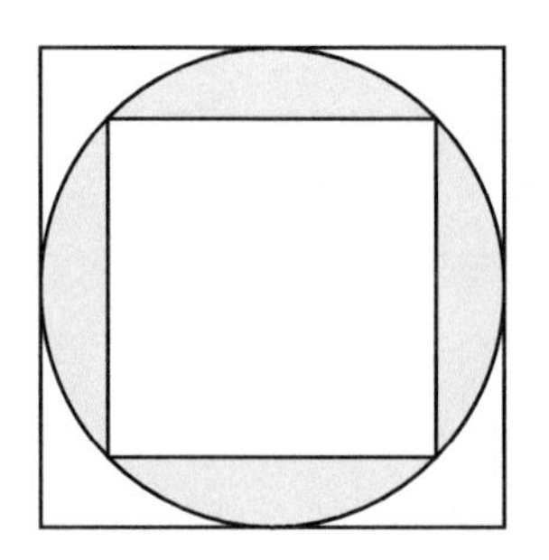

03 삼각형과 사각형을 겹쳐 놓은 모습입니다. 사각형의 넓이는 삼각형 넓이의 2배이고, ㉠의 넓이가 ㉢의 넓이보다 13 만큼 클 때, 삼각형의 넓이를 구하세요.

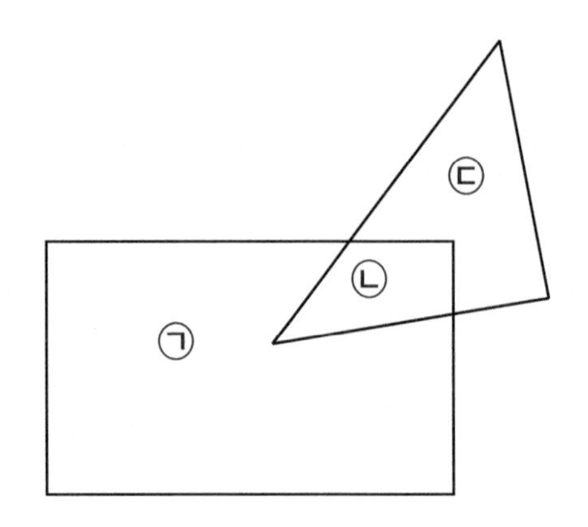

04 평행사변형과 사다리꼴을 겹쳐놓은 모습입니다. 색칠된 사다리꼴의 넓이가 77일 때, 전체 평행사변형의 넓이를 구하세요.

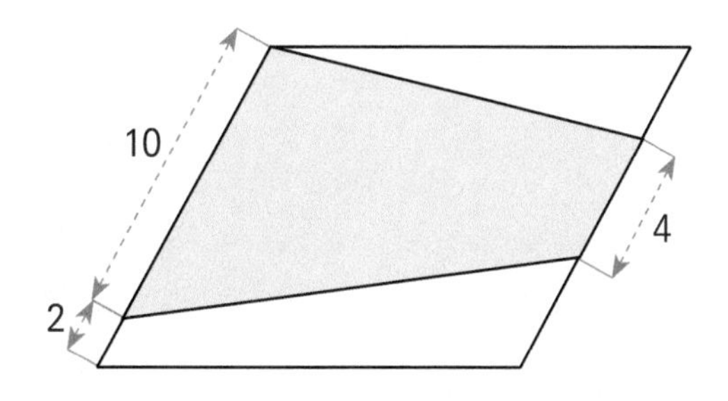

05 삼각형의 내부에 삼각형 모양의 구멍이 있는 도형의 넓이는 픽의 정리를 써서 각 삼각형에서 넓이를 구한 후 빼서 구할 수 있습니다. <보기>와 같이 삼각형의 내부에 삼각형 모양의 구멍이 있는 도형 중 넓이가 가장 작은 도형을 그리세요. (단, 외부의 삼각형의 변과 내부의 삼각형의 변은 만나지 않습니다.)

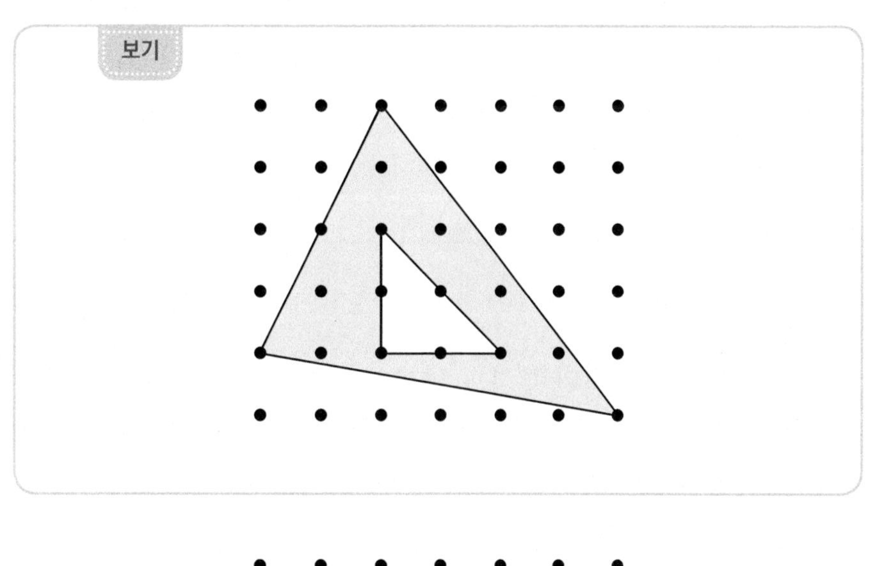

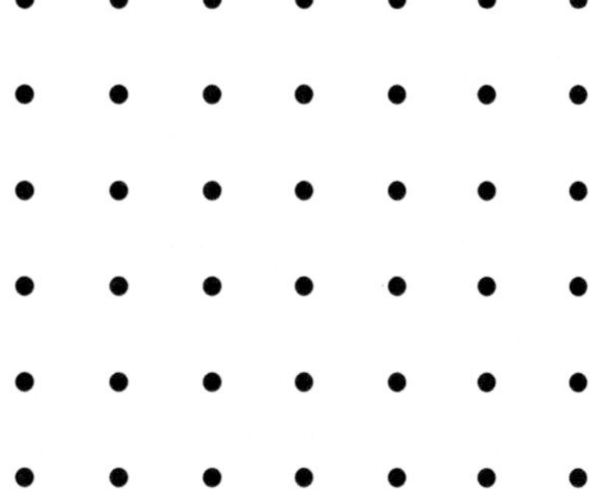

3 연습문제

06 점과 점 사이의 거리는 1입니다. 이 격자판에 넓이가 6인 삼각형, 사각형, 오각형을 그리세요.

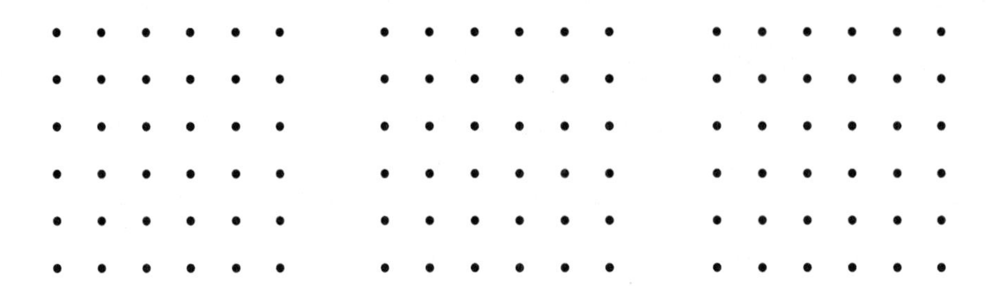

07 아래와 같이 직사각형 2개를 겹쳐 놓았더니 겹친 색칠된 부분을 제외한 부분이 모두 정사각형이 되었습니다. 이 4개의 정사각형의 둘레의 합은 192, 넓이의 합은 832일 때, 색칠된 부분의 넓이를 구하세요.

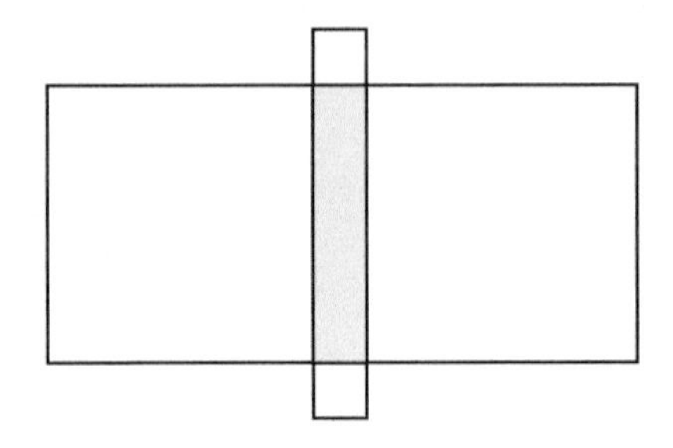

08 <격자 1>에서 색칠된 부분과 넓이가 같은 도형을 <격자 2>, <격자 3>에 그리려고 합니다. <격자 2>에는 12개의 점을 이어 만든 도형, <격자 3> 에는 16개의 점을 이어 만든 도형을 그리세요.

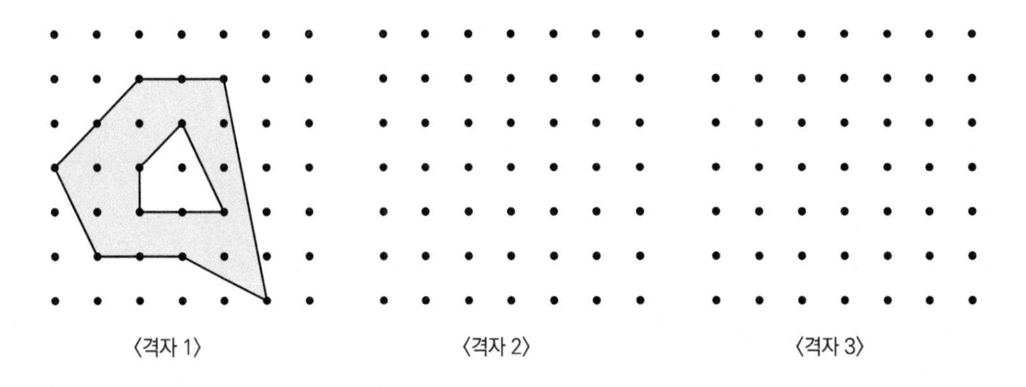

09 높이가 같은 직사각형 ㄱㄴㄷㄹ, ㅁㅂㅅㅇ 을 겹쳐 놓았습니다. 겹쳐진 ㅁㅂㄷㄹ 이 정사각형이라면 직사각형 ㄱㄴㅅㅇ 의 둘레의 길이를 구하세요.

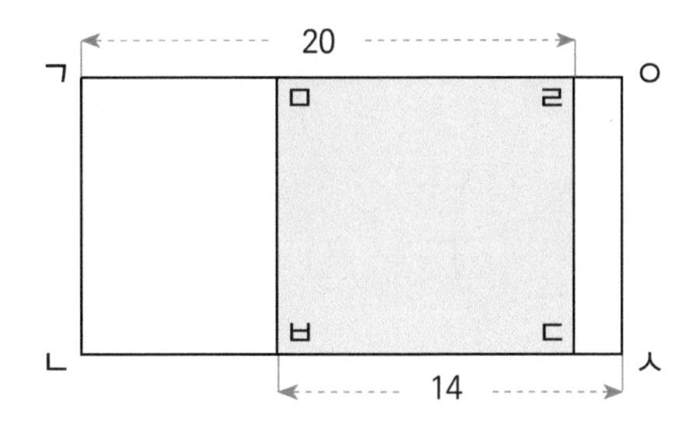

10 반지름의 길이가 30인 두 원을 서로의 중심을 지나도록 겹쳐 놓았습니다. 색칠된 겹쳐진 부분의 넓이를 구하세요. (단, π 는 3.14로 계산하며 선분 ㄱㄴ 의 길이는 52입니다.)

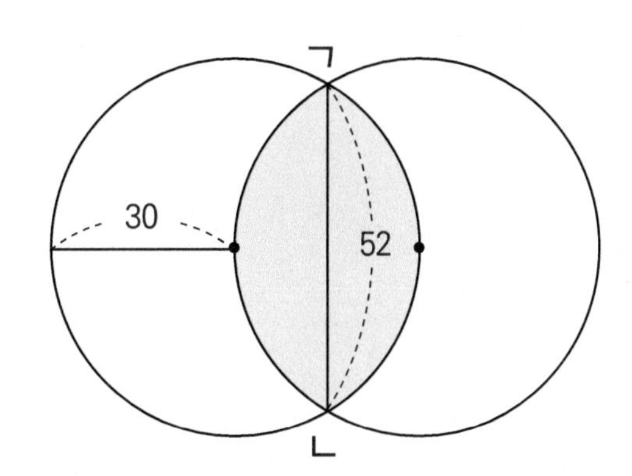

3 심화문제

01 한 변의 길이가 20인 정사각형 내부에 반지름의 길이가 5인 반원 8개를 겹쳐서 그려 무늬를 만들었습니다. 색칠된 부분의 넓이를 구하세요.

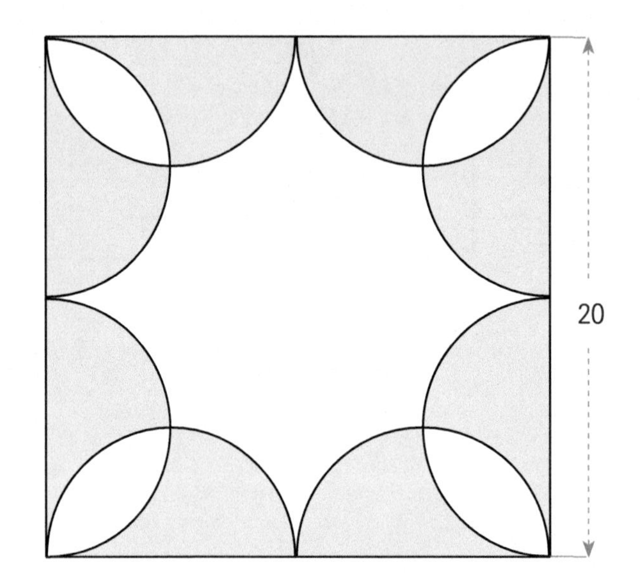

02 한 변의 길이가 10인 정사각형 4개를 겹쳐 놓으려 합니다. 꼭지점 ㄱ, ㄴ, ㄷ 은 다른 정사각형의 중심에 위치하도록 하며 3개 이상의 정사각형이 동시에 겹치는 부분이 없도록 놓으려 할 때, 겹쳐 놓은 정사각형들의 총 넓이가 가장 작을 때와 가장 클 때의 값을 각각 구하세요.

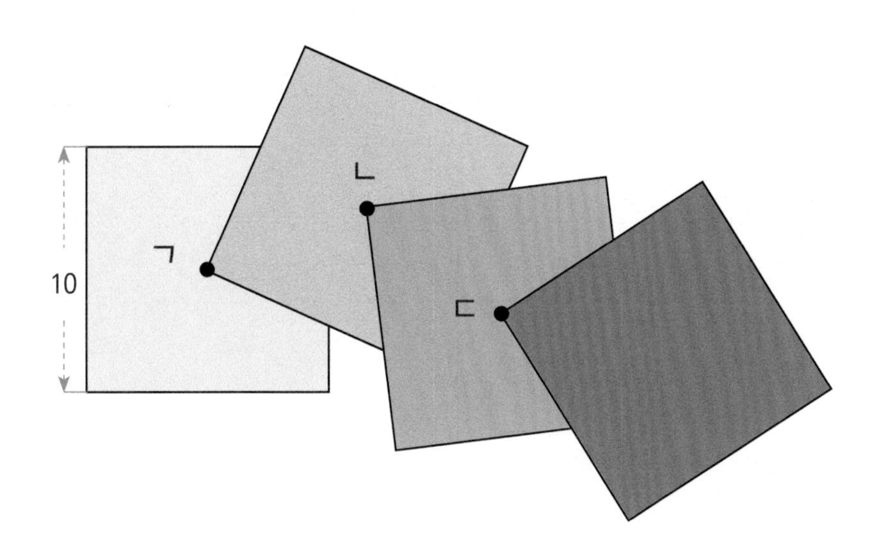

3 심화문제

03 가로, 세로의 길이가 각각 30, 6인 직사각형 A와 밑변의 길이 30, 윗변의 길이 6, 높이 12인 등변 사다리꼴 B가 있습니다. 이 직사각형이 1초에 2 씩 오른쪽으로 이동할 때, 일정시간이 지나면 두 도형은 겹쳐지게 됩니다. 겹쳐진 부분의 넓이가 처음으로 직사각형 넓이의 절반이 되는 순간은 출발 후 몇 초가 지난 후인지 구하세요.

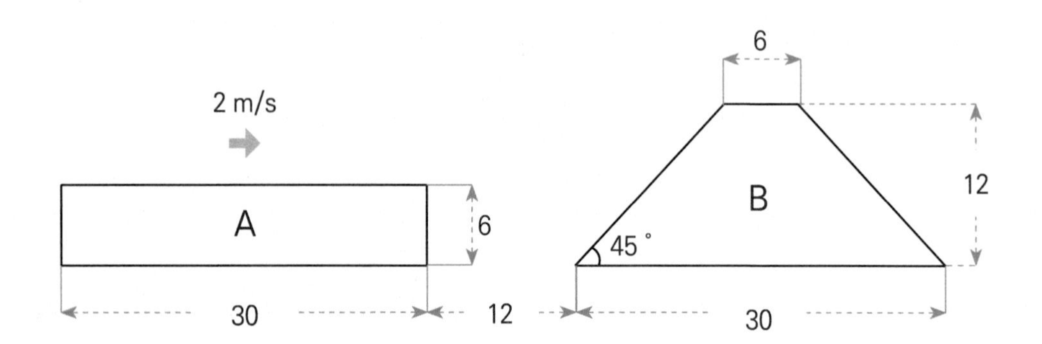

정답 및 풀이 P.18

04 점과 점 사이의 거리는 1입니다. 빨간 색 점을 점 O라고 할 때 점 O를 내부에 포함하는 넓이가 2인 사각형을 그리려고 합니다. 이러한 사각형 중, 두 대각선 중 적어도 한 개의 대각선이 점 O를 지나는 사각형의 개수와 두 대각선 모두 점 O를 지나지 않는 사각형의 개수를 각각 구하세요. (단, 뒤집거나 회전했을 때 같은 사각형은 한가지로 봅니다.)

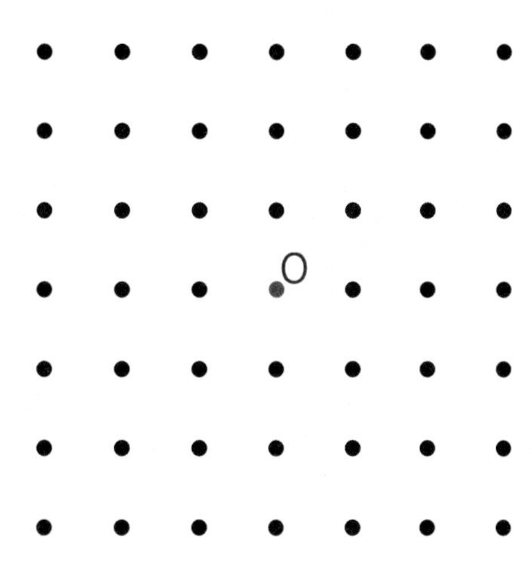

3 창의적문제해결수학

01 점과 점 사이의 거리가 1인 격자점 위에 4개의 선분을 이어서 한 개의 꼭지점을 공유하는 2개의 삼각형을 만들었습니다. 픽의 정리를 이용해서 색칠된 부분의 넓이를 구할 수 있는 방법을 설명하고 넓이를 구하세요.

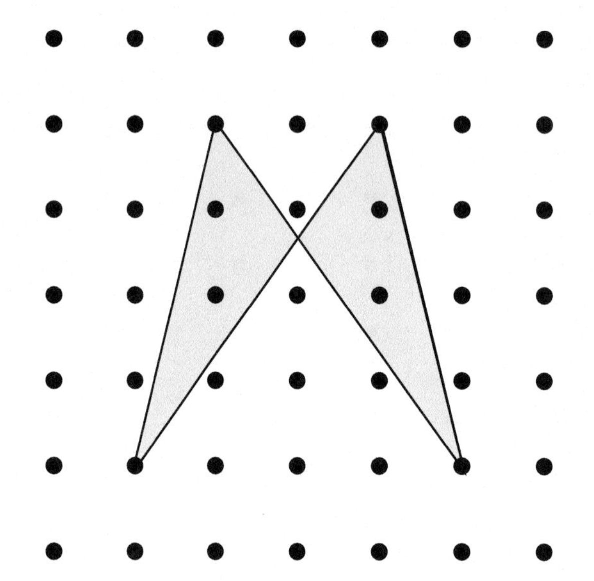

02
창의융합문제

친구들과 게임을 한 무우는 3등을 해서 3번째로 원하는 조각을 고르게 되었습니다. 앞의 두 친구는 각각 정사각형 모양의 조각을 택해서 삼각형 모양의 2조각이 남아 있는 상태입니다. 둘 중 양이 많은 조각을 선택하기 위해선 어떤 색의 조각을 선택해야 할 지 적으세요. (단, 정사각형 모양의 조각은 크기가 같습니다.)

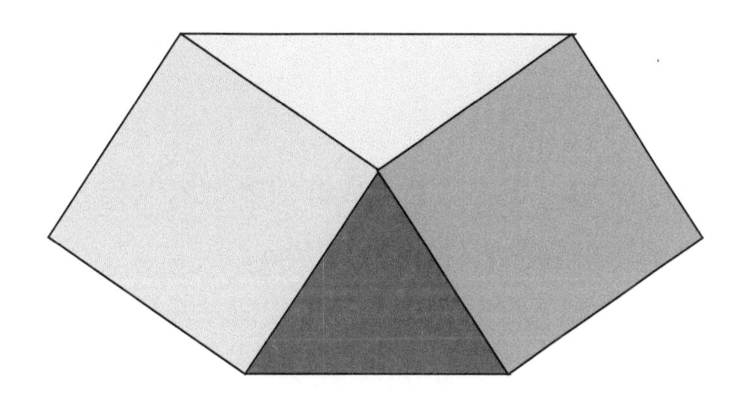

이탈리아에서 셋째 날 모든 문제 끝!
피사로 이동하는 무우와 친구들에게 어떤 일이 일어날까요?

우리가 보는 태양은 ?

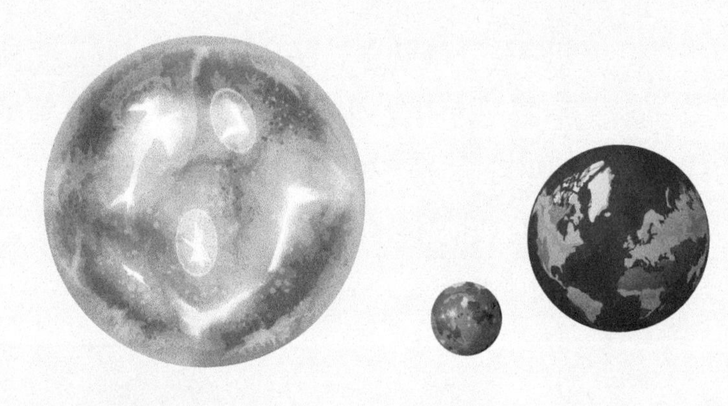

우리의 하루는 아침이 되면 해가 뜨고 저녁이 되면 해가 지는 것이 반복됩니다.
그렇다면 우리가 보는 태양은 언제적 태양일까요?
이 질문에 대한 대답은 태양과 지구와의 거리, 빛의 속도를 통해서 알 수 있습니다.

빛의 속도는 30만km/s로 1초에 30만km를 갈 수 있습니다.
또한 지구와 태양 사이의 거리는 약 1억 5천만km입니다.

약 1억 5천만km ÷ 30만km = 약 500이므로 빛의 속도로 태양과 지구 사이의 거리를 가기 위해선 약 500초 = 약 8분 20초가 걸립니다.

즉, 우리가 보는 태양은 8분 20초 전의 태양의 모습이므로 태양에서 무슨 일이 생기더라도 우리는 8분 20초 후에 그 현상을 관측할 수 있게 됩니다.

일례로 우주에 있는 천체 중 우리가 관측할 수 있는 '안드로메다 은하' 의 모습은 현재로부터 200만년 전의 모습입니다.

4. 거리, 속력, 시간

이탈리아 넷째 날 DAY 4

무우와 친구들은 이탈리아에서의 넷째 날, <피사>와 <피렌체>를 여행할 예정이에요. 무우와 친구들이 넷째 날 여행에서 만날 수학 문제에는 어떤 것들이 있을까요?

궁금해요 ?

무우와 친구들은 열차의 속력과 구간의 거리 사이의 관계를 알아낼 수 있을까요?

로마 – 피사 – 피렌체까지의 총 거리는 432km입니다. 로마 – 피사까지는 시속 120km인 고속열차를 타고, 피사 – 피렌체까지는 시속 54km인 완행열차를 타고 갑니다. 무우와 친구들이 로마에서 출발해서 피렌체에 도착할 때까지 기차를 탄 총시간이 4시간 20분이 되는 로마 – 피사 간의 거리, 피사 – 피렌체 간의 거리를 구하세요.

1 수와 식 만들기

1. 거리, 속력,시간 사이의 관계

(거리) = (속력) × (시간), (속력) = (거리) ÷ (시간), (시간) = (거리) ÷ (속력)

2. 중간에 속력이 바뀌고 총 걸린 시간이 주어진 경우

속력이 다른 구간별로 걸린 시간의 합이 총 걸린 시간임을 이용해서 식을 세워봅니다.

예시문제 1 산을 올라갈 때는 시속 3km, 내려올 때는 시속 4km로 걸어서 총 걸린 시간이 3시간 30분 ($\frac{7}{2}$ 시간)이었다면 등산로의 거리는?

풀이 등산로의 거리를 A라고 하면 올라갈 때 걸린 시간은 $\frac{A}{3}$, 내려올 때 걸린 시간은 $\frac{A}{4}$ 이므로 $\frac{A}{4} + \frac{A}{3} = \frac{7}{2}$ 입니다. 따라서 A = 6이므로 이 등산로의 거리는 6km입니다.

3. 같은 거리를 갈 때 속력이 달라서 시간 차이가 발생하는 경우

(느린 속력으로가는 데 걸리는 시간) - (빠른 속력으로가는 데 걸리는 시간) = (시간 차) 임을 이용해서 식을 세워봅니다.

예시문제 2 A 지점에서 B 지점까지 가는데 시속 30km인 오토바이를 타고 가면 시속 12km인 자전거를 타고 갈 때보다 1시간 빨리 도착합니다. A 지점과 B 지점 사이의 거리는?

풀이 A 지점과 B 지점 사이의 거리를 X라고 합니다. 자전거를 타고 갈 때 걸리는시간은 $\frac{X}{12}$, 오토바이를 타고 갈 때 걸리는 시간은 $\frac{X}{30}$이므로 $\frac{X}{12} - \frac{X}{30} = 1$입니다.
따라서 X = 20이므로 A 지점과 B 지점 사이의 거리는 20km입니다.

4. 호수의 둘레나 원형트랙을 도는 경우

① 한 지점에서 서로 반대 방향으로 출발해서 만나는 경우
(두 사람이 이동한 거리의 합) = (둘레의 길이)

② 한 지점에서 서로 같은 방향으로 출발해서 만나는 경우
(두 사람이 이동한 거리의 차) = (둘레의 길이)

정답

로마 - 피사 간의 거리를 A라고 하면 피사 - 피렌체까지의 거리는 (432 - A)입니다.
따라서 각 구간을가는데 걸리는 시간은 다음과 같습니다.
로마 - 피사는 시속 120km인 고속열차를 타고 가므로 Akm를 가는데 걸리는 시간은 $\frac{A}{120}$
피사 - 피렌체는 시속 54km인 완행열차를 타고 가므로 (432 - A)km를 가는데 걸리는 시간은 $\frac{432 - A}{54}$
총 걸린 시간이 4시간 20분 = $\frac{13}{3}$ 시간이므로 식은 다음과 같습니다. $\frac{A}{120} + \frac{432 - A}{54} = \frac{13}{3}$
이를 만족하는 A는 360입니다.
따라서 로마 - 피사 간의 거리는 360km, 피사 - 피렌체 간의 거리는 72km입니다.

4 대표문제

1. 왕복할 때의 시간과 거리

무우와 일행들은 피사 중앙역에서 피사의 사탑으로 갈 때는 시속 2km로 걸어가고 구경 후 역으로 돌아올 때는 같은 길을 시속 40km인 택시를 이용해서 돌아오려 합니다. 돌아왔을 때의 시간은 출발할 때의 시간에서 2시간 30분이 지난 후였다면 피사 중앙역에서 피사의 사탑까지의 거리는 몇km인지 구하세요. (단, 피사의 사탑에 도착해서 30분 동안 구경하고 다시 역으로 출발하였습니다.)

Step 1 택시를 타고 돌아올 때 걸린 시간이 A일 때, 걸어서 간 시간을 A로 표현하세요.

Step 2 택시를 타고 돌아올 때 걸린 시간과 걸어서 간 시간을 각각 구하세요.

Step 3 피사 중앙역에서 피사의 사탑까지의 거리를 구하세요.

문제 해결 TIP

· 걸어서 간 거리와 택시를 타고 온 거리는 같습니다.

· 시속 Akm 는 1시간에 Akm를 갈 수 있는 속도입니다.

Step 1 같은 길로 돌아오는 것이므로 걸어간 거리와 택시를 탄 거리는 같습니다.
택시를 타고 돌아올 때 걸린 시간이 A이고 택시의 속력은시속 40km이므로 택시를 타고 돌아온 거리는 $40 \times A$입니다.
걸어갈 때 걸린 시간을 B 라고 하면 걸어간 거리는 $2 \times B$입니다.
두 거리는 같아야 하므로 $2 \times B = 40 \times A \rightarrow B = 20 \times A$입니다.

Step 2 출발한 후 돌아올 때까지 걸린 총시간이 2시간 30분이고 30분간 구경을 하였으므로 걸어갈 때 걸린 시간과 택시를 탄 시간의 합은 2시간입니다.
$A + B = A + 20 \times A = 21 \times A = 2$이므로 $A = \frac{2}{21}$입니다.
따라서 택시를 탄 시간은 $\frac{2}{21}$시간, 걸어간 시간은 $\frac{40}{21}$시간입니다.

Step 3 따라서 피사 중앙역에서 피사의 사탑까지의 거리는 다음과 같습니다.
$40 \times \frac{2}{21} = 2 \times \frac{40}{21} = \frac{80}{21}$ km

정답 : $20 \times A$ / $\frac{2}{21}$ 시간, $\frac{40}{21}$시간 / $\frac{80}{21}$ km

등산하는데 정상까지는 시속 3km로 올라가고 같은 길로 내려올 때는 시속 4.5km로 내려왔습니다. 올라가기 시작한 후 내려올 때까지 걸린 총시간이 4시간 30분이었다면 이 산의 정상까지 올라가는데 걸은 거리를 구하세요. (단, 정상에 도착하고 바로 내려와서 중간에 지체되는 시간은 없습니다.)

4 대표문제

2. 강물에서의 배의 속력

강의 상류 지점인 A에서 강물을 따라 B 지점까지 내려갔다가 다시 강물을 거슬러 A 지점까지 돌아오려 합니다. 배는 일정한 속력으로 움직이는데 강물을 따라 내려갈 때의 속력은 강물을 거슬러 올라갈 때의 속력의 $\frac{5}{3}$ 배였습니다. 강물은 시속 3km로 흐르고 있고 A 지점에서 출발해서 B 지점까지 내려갔다가 다시 A 지점으로 돌아올 때까지 총 2시간 40분이 걸렸다면 A, B 사이의 거리를 구하세요. (단, 중간에 지체되는 시간은 없습니다.)

속력 : $\frac{5}{3}$

A　　　　　　　　　　　　　B

속력 : 1

Step 1 배의 속력을 X라고 한다면 A 지점에서 B 지점까지 내려갈 때의 속력과 B 지점에서 A 지점까지 올라갈 때의 속력을 표현하세요.

Step 2 내려갈 때와 올라갈 때의 속력을 각각 구하세요.

Step 3 A, B 사이의 거리를 구하세요.

문제 해결 TIP

- (강물을 따라 내려갈 때의 속력) = (배의 속력) + (강물의 속력)
- (강물을 거슬러 올라갈 때의 속력) = (배의 속력) − (강물의 속력)

Step 1 강물을 따라 내려갈 때는 배의 속력에 강물의 속력이 합산되고 강물을 거슬러 올라갈 때는 배의 속력에서 강물의 속력이 차감됩니다.

따라서 배의 속력이 X, 강물의 속력이 3이므로 각각의 속력은 다음과 같습니다.

A 지점에서 B 지점까지 강물을 따라 내려갈 때의 속력 : X + 3

B 지점에서 A 지점까지 강물을 거슬러 올라갈 때의 속력 : X − 3

Step 2 내려갈 때의 속력은 (X + 3)이고, 이것은 올라갈 때의 속력 (X − 3) 의 $\frac{5}{3}$ 배이므로 식은 다음과 같습니다.

$X + 3 = \frac{5}{3} \times (X - 3)$

따라서 이를 만족하는 X = 12입니다.

따라서 강물을 따라 내려갈 때의 속력은 시속 15km, 강물을 거슬러 올라갈 때의 속력은 시속 9km입니다.

Step 3 속력의 비가 5 : 3이고 가는 거리가 같으므로 시간의 비는 3 : 5가 됩니다. 따라서 강물을 따라 내려갈 때 걸린 시간은 1시간, 강물을 거슬러 올라갈 때 걸린 시간은 1시간 40분 입니다.

따라서 A, B 사이의 거리는 다음과 같습니다.

내려가는 거리 = 올라오는 거리

$15 \times 1 = 9 \times \frac{5}{3} = 15\text{km}$

정답 : X + 3, X − 3 / 내려갈 때 시속 15km, 올라올 때 시속 9km / 15km

한 척의 배가 강물을 따라 48km 내려갔다가 다시 36km 거슬러 올라오는 데 걸리는 시간과 64km 내려갔다가 다시 24km 거슬러 올라오는 데 걸리는 시간이 둘 다 3시간으로 같습니다. 이 배의 속력과 강물의 속력을 각각 구하세요. (단, 배와 강물의 속력은 일정합니다.)

4 연습문제

01 강가에 있는 상류 지점 A와 하류 지점 B를 왕복하는 배가 있습니다. 이 배는 A 지점에서 B 지점까지 갈 때는 3시간이 걸리고 B 지점에서 A 지점까지 4시간 15분이 걸립니다. A 지점에서 통나무를 떠내려 보낸다면 통나무가 B 지점에 도착할 때까지 걸리는 시간을 구하세요. (단, 배와 강물의 속력은 각각 일정합니다.)

02 배에 넣어져 있는 기름의 양으로는 최대 7시간 동안 배를 운항할 수 있습니다. 이 배의 속력은 물과 같은 방향으로 운항하면 시속 30km이고 물과 반대 방향으로 운항하면 시속 24km가 됩니다. 이 배로 강의 상류 지점 A에서 출발해 하류 지점 B를 왕복해서 돌아오려 합니다. A와 B의 거리의 최댓값을 구하세요.

03 어떤 기차 A가 500m인 터널을 들어가는 순간부터 완전히 빠져나오는 데 걸리는 시간이 24초이고 1000m인 터널을 들어가는 순간부터 완전히 빠져나오는 데 걸리는 시간은 44초입니다. 이 기차 A의 길이를 구하세요. (단, 기차는 일정한 속력으로 움직입니다.)

04 둘레가 4km인 호수의 한 지점 O에서 무우와 상상이가 서로 반대 방향으로 출발합니다. 무우는 자전거를 타고 상상이는 걸어가는데 맨 처음 만난 지점이 출발점 O에서 오른쪽으로 800m 떨어진 곳이었습니다. 처음 만날 때까지 24분이 걸렸다면 이 두 사람이 맨 처음 출발한 지점 O에서 처음으로 다시 만나려면 출발한 후 몇 분이 지나야 할지 구하세요. (단, 무우와 상상이의 속력은 각각 일정합니다.)

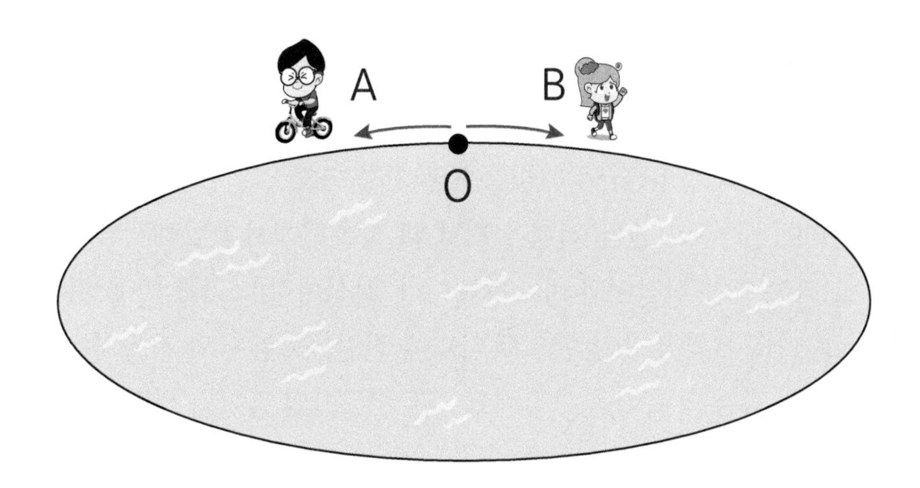

05 무우는 작은 보트를 타고 강의 하류 지점에서 출발해서 상류 지점까지 강물을 거슬러 올라가다 가방을 강에 떨어트렸습니다. 18초 후에 가방이 강에 떨어졌다는 것을 깨달은 무우는 보트를 돌려서 가방을 건지러 갔습니다. 배의 방향을 바꾸는 데 걸리는 시간을 생각하지 않는다면 배를 돌린 후 몇 초 후에 가방을 건질 수 있을까요? (단, 배와 강물의 속력은 일정하며 가방은 강물의 속력으로 떠내려갑니다.)

06 흐르지 않는 물에서의 속력이 시속 24km 인 배가 있습니다. 이 배로 강을 거슬러서 60km 떨어진 곳까지 가는데 4시간이 걸렸습니다. 다시 방향을 바꿔서 출발 지점으로 내려갈 때는 배 자체의 속력을 2배로 해서 내려온다면 강을 모두 내려올 때 걸리는 시간을 구하세요.

07 무우는 길이가 100m인 다리를 자전거를 타고 일정한 속력으로 건너려고 합니다. 무우가 다리에 들어오고 40m 지점을 지날 때, 맞은편에서 출발해서 무우와 같은 속력으로 자전거를 타고 오는 상상이와 마주쳤습니다. 상상이가 다리를 막 빠져나올 때, 시속 70km인 자동차가 무우와 같은 방향으로 다리에 진입했고 무우와 자동차는 동시에 다리를 빠져나왔습니다. 무우의 속력을 구하세요. (단, 자동차의 길이는 생각하지 않습니다.)

08 A와 B 두 명이 100m 달리기를 하려고 합니다. A가 결승선을 통과할 때 B는 96m 위치에 있었습니다. A가 결승선을 통과하고 0.4초 후에 B가 결승선을 통과했다면, 이 두 명이 150m 달리기를 할 때 A는 출발하고 몇 초 후에 결승선을 통과할지 구하세요. (단, A와 B의 속력은 각각 일정합니다.)

09 무우가 3km 걸어갈 때 상상이는 같은 시간 동안 2km 걸어갑니다. 이 두 사람이 원형 운동장의 한 지점에서 서로 반대 방향으로 출발하면 40분 후 처음 만난다면, 같은 방향으로 출발하면 무우가 상상이를 따라잡는데 걸리는 시간을 구하세요.

10 무우는 학교에 가기 위해 7시 30분에 집을 나섰습니다. 시속 3km의 속력으로 걸어가던 무우는 출발하고 16분 후에 챙겨오지 않은 준비물이 떠올라 시속 6km의 속력으로 집으로 달려가 준비물을 챙긴 후 자전거를 타고 시속 12km의 속력으로 학교에 도착했는데, 평소대로 시속 3km로 걸어갈 때의 도착 예정 시간보다 3분 일찍 도착했습니다. 오늘 무우가 학교에 도착한 시간을 구하세요. (단, 집에서 준비물을 챙기는 시간은 생각하지 않습니다.)

4 심화문제

01 지하철역 A, B 사이에 아래와 같이 총길이가 23km인 등산로가 있습니다. 무우는 평지에서는 시속 4km, 오르막길에서는 시속 3km, 내리막길에서는 시속 5km로 걷습니다. 무우가 A 역에서 출발해서 이 등산로를 따라 B 역까지 갈 때는 5시간 48분이 걸리고, 반대로 B 역에서 출발해서 A 역까지 갈 때는 6시간 12분이 걸립니다. 이 등산로 중 평지는 총 몇km 일지 구하세요.

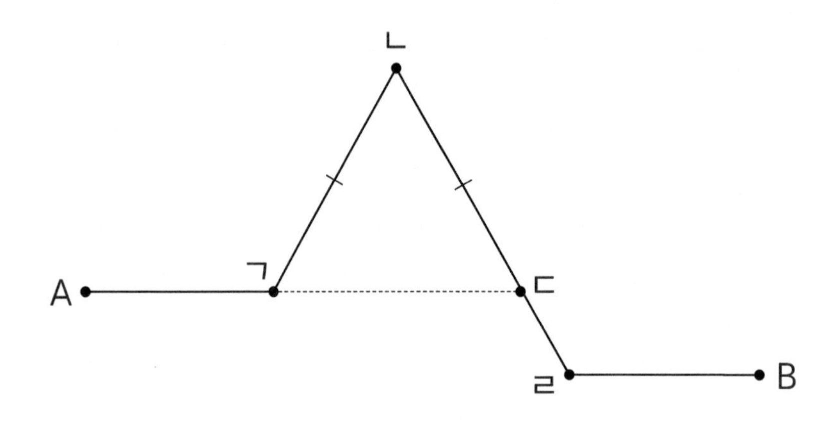

02 강의 상류 지점인 A와 하류 지점인 B는 서로 30km 떨어져 있습니다. 시속 35km인 두 배가 각각 A 지점과 B 지점에서 서로 마주 보고 출발할 때, 강물의 속력이 시속 3km인 날은 ㉠지점에서 만났고 강물의 속력이 시속 5km인 날은 ㉡지점에서 만났습니다. ㉠지점과 ㉡지점은 몇km 떨어져 있는지 구하세요.

03 무우는 15km 떨어져 있는 A 지점과 B 지점 사이를 자전거를 타고 일정한 속력으로 왕복합니다. 하루는 몹시 강한 바람이 일정한 세기로 A 지점에서 B 지점 방향으로 불었습니다. 그 때문에 A 지점에서 B 지점으로 갈 때는 30분, B 지점에서 A 지점으로 돌아올 때는 36분이 걸렸습니다. 만약 바람이 전혀 불지 않는 날이라면 A 지점에서 B 지점을 왕복할 때 걸리는 시간은 얼마일지 구하세요. (단, B 지점에서 방향을 바꾸는데 걸리는 시간은 생각하지 않습니다.)

04 거리가 100m인 A 지점과 B 지점이 있습니다. 무우는 A 지점에서 출발하고 상상이는 B 지점에서 서로 마주 보는 방향으로 출발해서 각각 일정한 속력으로 이 두 지점 사이를 계속해서 왕복하려고 합니다. 5번 마주칠 때까지 정확히 5분이 걸렸다면 각자 시속 얼마의 속력으로 달린 것인지 구하세요. (단, 무우가 상상이 보다 1초에 0.5 m씩 빨리 달립니다.)

01 한 큰 호수를 가로지르는 양쪽 선착장 A, B에서 두 여객선이 마주 보는 방향으로 동시에 출발합니다. A에서 출발한 여객선이 B에서 출발한 여객선보다 속력이 느려서 두 여객선은 선착장 A에서 400m 떨어진 지점에서 서로 만났습니다. 그대로 각각 맞은편의 선착장에 도착한 후 5분 동안 승객들을 승하차시킨 뒤에 다시 맞은편 선착장으로 출발하는데 이번에는 선착장 B에서 200m 떨어진 곳에서 만났습니다. 이 호수에 있는 양쪽 선착장의 거리는 얼마일지 구하세요. (단, 각 여객선의 속력은 일정합니다.)

02
창의융합문제

상황이 아래와 같을 때 다음 질문에 답하세요.

1. 무우는 A 지점 → B 지점으로 자전거를 타고 가는 중입니다.
2. 타고 가는 중 같은 방향으로 뛰어가고 있는 상상이를 만났고 5분 후에 B 지점 → A 지점으로 걸어오고 있는 알알이와 제이를 만났습니다.
3. 알알이와 제이는 무우를 만나고 5분 후에 뛰어오고 있는 상상이를 만났습니다.

상상이가 뛰는 속력은 알알이와 제이가 걷는 속도의 3배입니다. 무우가 자전거 타는 속력은 알알이와 제이가 걷는 속도의 몇 배일지 구하세요.

이탈리아에서 넷째 날 모든 문제 끝!
베네치아 광장으로 이동하는 무우와 친구들에게 어떤 일이 일어날까요?

정폭도형이란 ?

정폭도형이란 아래 그림과 같이 도형에 접하는 두 평행선 사이의 거리가 항상 일정한 도형을 의미합니다. 대표적인 정폭도형으로는 원이 있는데 이러한 성질을 이용하여 맨홀 뚜껑을 원 모양으로 만들면 어떠한 방향으로 맨홀 구멍에 끼워 넣더라도 뚜껑이 구멍이 빠지지 않습니다. 만약 맨홀 뚜껑이 정사각형 모양이었다면 뚜껑을 덮을 때 구멍으로 뚜껑이 빠지는 일이 빈번하게 일어났을 것입니다.

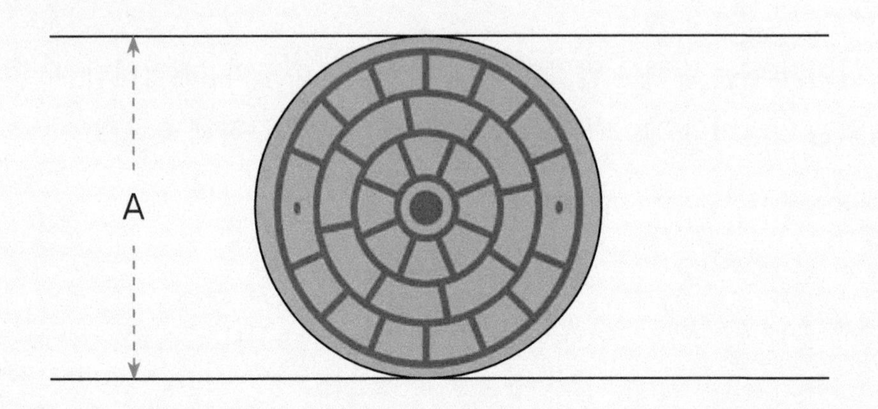

도형의 회전을 이용하면 원이 아니더라도 이러한 성질을 갖는 정폭도형은 무수히 많이 만들 수 있습니다.

오른쪽 그림과 같은 뢸로 자전거는 보기에는 흔들릴 것처럼 보이지만, 실제로 타보면 정상적인 자전거처럼 탈 수 있습니다. 자전거의 바퀴는 정폭도형입니다.

〈뢸로자전거〉

5. 도형의 회전

이탈리아 다섯째 날 DAY 5

무우와 친구들은 이탈리아에 가는 다섯째 날, <베네치아>에 도착했어요. 무우와 친구들은 첫째 날에 <베네치아>, <부라노 섬>, <무라노 섬>을 여행할 예정이에요. 자, 그럼 <베네치아> 에서 만날 수학 문제에는 어떤 것들이 있을까요?

5단원 살펴보기

▶ 도형의 회전

궁금해요 ?

무우와 친구들은 수상버스가 가는 경로가 궁금해 졌는데….

무우와 친구들이 탄 수상버스는 아래와 같은 직사각형 모양의 코스를 계속 돕니다. 수로의 폭이 50이고 수상버스의 지름은 수로의 폭과 동일하다면 이 수상버스가 이 코스를 한 바퀴 돌 때 지나간 영역의 넓이를 구하세요. (단, 수상버스는 항상 지면과 닿아 있도록 운행되며, π 는 3.14로 계산합니다.)

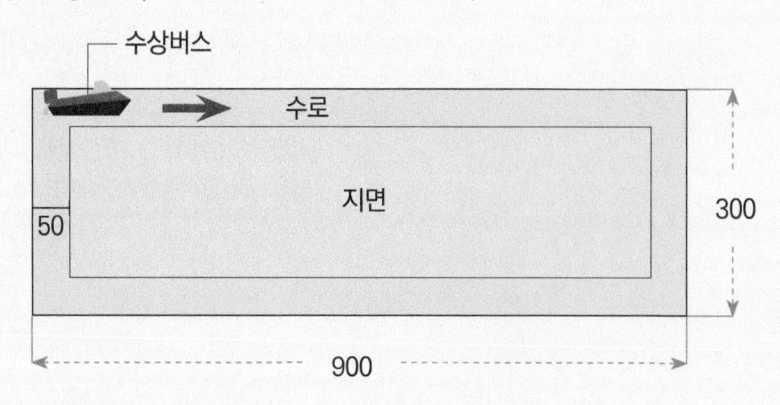

회전의 성질

1. 한 점을 중심으로 정해진 각도만큼 도형을 회전시키면 도형의 모든 꼭지점과 변이 해당 각도만큼 회전하게 됩니다.

2. 도형이 이동할 때 지나간 경로를 '이동자취' 라고 합니다.

3. 회전체 : 평면도형을 한 직선을 축으로 하여 회전시켰을 때 나오는 이동자취를 '회전체' 라고 합니다.

① <회전체 1>과 같이 직각삼각형의 높이를 회전축으로 회전시키면 이동자취는 원뿔이 됩니다.

② <회전체 2>과 같이 직사각형의 한 변을 회전축으로 회전시키면 이동자취는 원기둥이 됩니다.

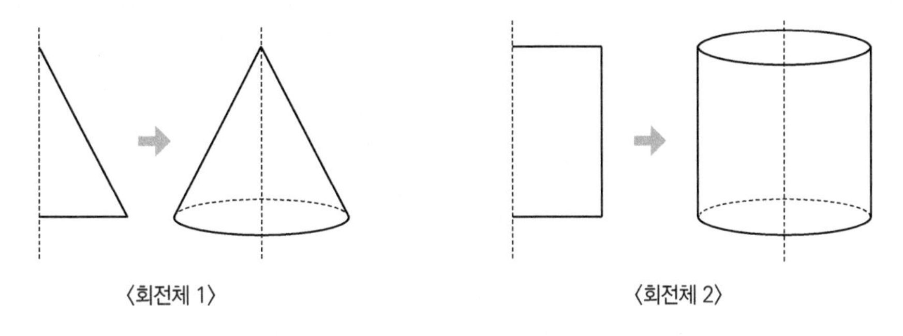

〈회전체 1〉 〈회전체 2〉

직진을 할 때와 코너에서 회전할 때를 나누어서 생각합니다.

1. 수상버스가 직진할 때 지나간 영역 : 수로의 폭이 50이므로 해당 영역의넓이는 (가로 800, 세로 50인 직사각형의 넓이 × 2) + (가로 50, 세로200인 직사각형의 넓이 × 2)입니다. 따라서 지나간 영역의 넓이는 100000 입니다.

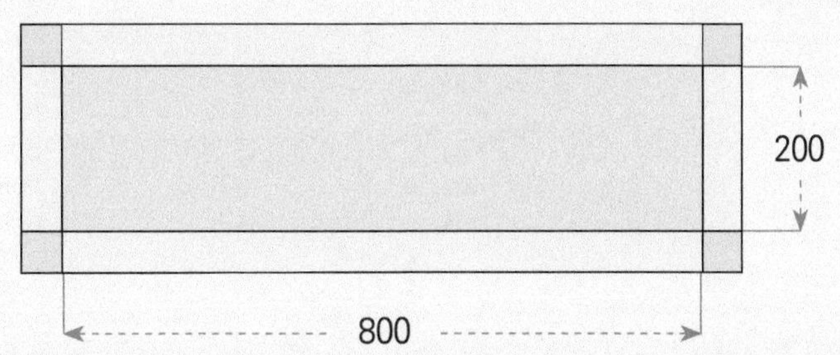

2. 수상버스가 코너에서 회전할 때 지나간 영역 : 수상버스는 지면에 항상 닿아 있도록 운행되므로 지나간 영역은 아래의그림과 같습니다. 각각은 반지름이 50인 사분원이므로 지나간 영역의 넓이는 반지름이 50인 원의 넓이입니다. 따라서 지나간 영역의 넓이는 $50^2 \times 3.14 = 7850$입니다.

따라서 수상버스가 지나간 영역의 넓이는 100000 + 7850 = 107850입니다.

정답 : 107850

1. 도형의 자취

아래의 그림은 부라노 섬의 지도를 도형화한 것입니다. 무우와 친구들은 선착장에서 육지를 통해 최단 거리로 연결했을 때 그 거리가 350인 곳까지만 가서 각자 사진을 찍고 모이기로 했습니다. 일행들이 갈 수 있는 범위의 넓이를 구하세요. (단, π 는 3.14로 계산합니다.)

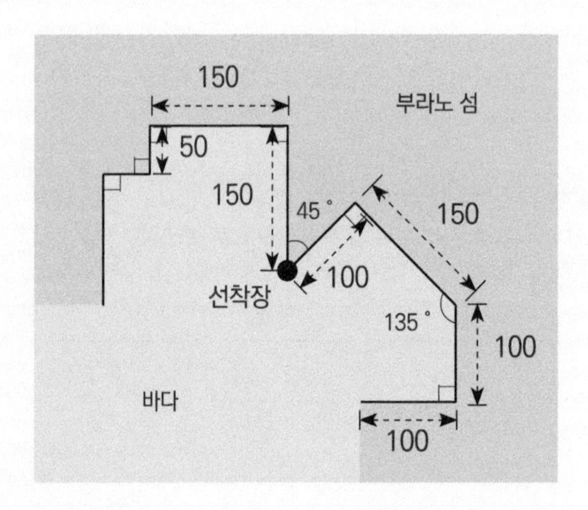

Step 1 일행들이 갈 수 있는 범위를 그리세요.

Step 2 범위를 여러가지 부채꼴로 나누세요

Step 3 각 부채꼴의 넓이를 구해서 총 넓이를 구하세요.

문제 해결 TIP

일행들이 갈 수 있는 범위는 각 꼭지점을 중심으로 하는 부채꼴들의 합입니다.

Step 1 일행들은 선착장으로부터 육지를 통해 최단 거리로 연결했을 때 거리가 350 이내여야 하므로 갈 수 있는 범위는 아래의 그림과 같습니다.

Step 2 총 범위를 각각 부채꼴로 나누면 ㉠, ㉡, ㉢, ㉣, ㉤ 5개의 부채꼴로 나누어지게 됩니다.

부채꼴 ㉠ : 반지름 50, 중심각 90 °

부채꼴 ㉡ : 반지름 200, 중심각 90 °

부채꼴 ㉢ : 반지름 350, 중심각 45 °

부채꼴 ㉣ : 반지름 250, 중심각 90 °

부채꼴 ㉤ : 반지름 100, 중심각 45 °

Step 3 각 부채꼴의 넓이는 다음과 같습니다.

부채꼴 ㉠의 넓이 : $(\text{반지름})^2 \times 3.14 \times \frac{90}{360} = 50^2 \times 3.14 \times \frac{90}{360} = 1{,}962.5$

부채꼴 ㉡의 넓이 : $(\text{반지름})^2 \times 3.14 \times \frac{90}{360} = 200^2 \times 3.14 \times \frac{90}{360} = 31{,}400$

부채꼴 ㉢의 넓이 : $(\text{반지름})^2 \times 3.14 \times \frac{45}{360} = 350^2 \times 3.14 \times \frac{45}{360} = 48{,}081.25$

부채꼴 ㉣의 넓이 : $(\text{반지름})^2 \times 3.14 \times \frac{90}{360} = 250^2 \times 3.14 \times \frac{90}{360} = 49{,}062.5$

부채꼴 ㉤의 넓이 : $(\text{반지름})^2 \times 3.14 \times \frac{45}{360} = 100^2 \times 3.14 \times \frac{45}{360} = 3{,}925$

따라서 일행들이 갈 수 있는 영역의 넓이는 부채꼴 넓이의 총 합인 134,431.25입니다.

정답: 풀이과정 참조 / 풀이과정 참조 / 134,431.25

무우와 친구들이 선착장에서 육지를 통해 최단 거리로 연결했을 때 그 거리가 300인 곳까지만 가기로 했다면 일행들이 갈 수 있는 범위의 넓이를 구하세요. (단, π는 3.14로 계산합니다)

2. 회전체

장인이 만든 유리 공예품은 아래와 같은 도형을 점선 기준으로 회전시켜서 만든 도형과 같습니다. 이 유리 공예품의 부피를 구하세요. (단, π 는 3.14로 계산합니다.)

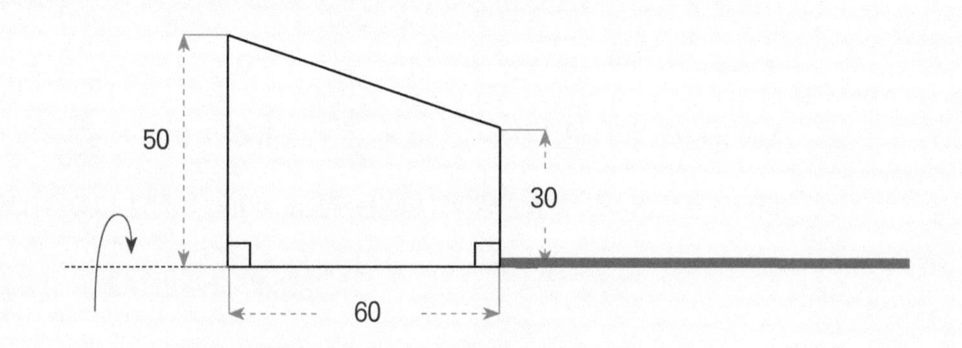

Step 1 회전시켰을 때 나타나는 입체도형을 말하세요.

Step 2 이 입체도형의 부피를 구하는 방법을 적으세요.

Step 3 유리 공예품의 부피를 구하세요.

문제 해결 TIP
양쪽 모선을 연장했을 때 만들어지는 원뿔의 부피를 이용해서 입체도형의 부피를 구하세요.

Step 1 도형을 점선 기준으로 회전시키면 아래의 그림과 같이 원뿔의 중간이 잘려있는 원뿔대가 됩니다.

Step 2 원뿔대는 아래의 그림과 같이 양쪽 모선을 연장하면 원뿔이 됩니다. 따라서 원뿔대의 부피는 큰 원뿔의 부피에서 원뿔대의 위에 생기는 작은 원뿔의 부피를 빼면 구할 수 있습니다.

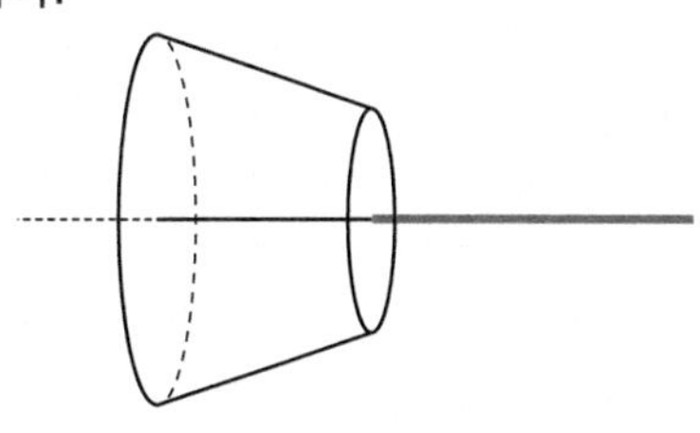

아래의 그림에서 △ㄱㄴㅁ과 △ㄷㄹㅁ은 닮음입니다.
선분ㄱㄴ : 선분 ㄷㄹ = 5 : 3이므로 선분 ㄴㅁ : 선분 ㄹㅁ = 5 : 3입니다.
선분 ㄹㅁ의 길이를 X라고 하면 60 + X : X = 5 : 3이므로 X = 90입니다.
따라서 큰 원뿔은 밑면의 반지름의 길이가 50, 높이가 150인 원뿔이고 작은 원뿔은 밑면의 반지름의 길이가 30, 높이가 90인 원뿔입니다.

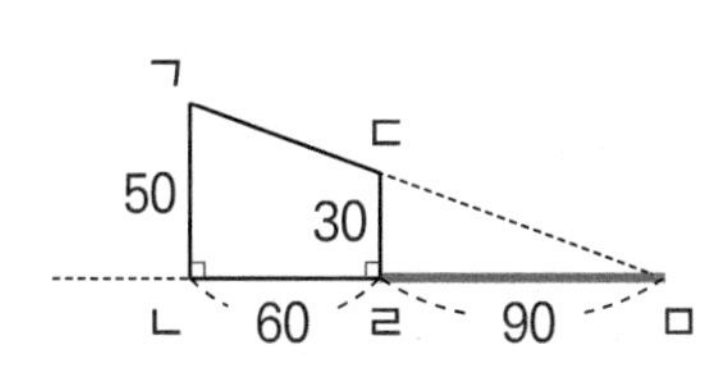

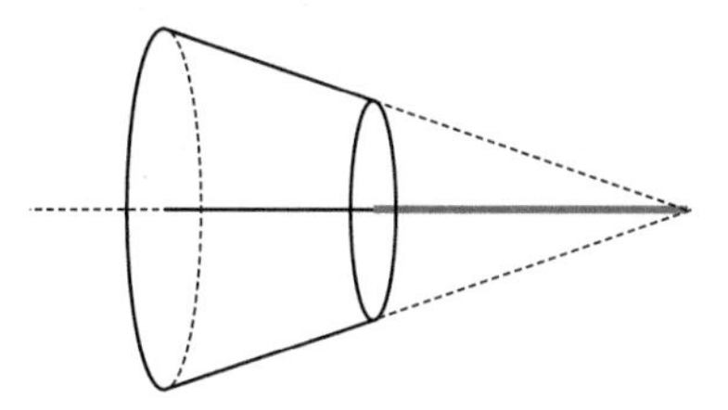

Step 3 각 원뿔의 부피는 다음과 같습니다.
큰 원뿔의 부피 : $50^2 \times 3.14 \times 150 \times \frac{1}{3} = 392{,}500$
작은 원뿔의 부피 : $30^2 \times 3.14 \times 90 \times \frac{1}{3} = 84{,}780$
따라서 원뿔대의 부피는 392,500 − 84,780 = 307,720입니다.

정답 : 원뿔대 / 풀이과정 참조 / 307,720

아래와 같은 평행사변형을 점선 기준으로 회전시켰을 때 나타나는 회전체의 부피를 구하세요. (단, π 는 3.14로 계산합니다.)

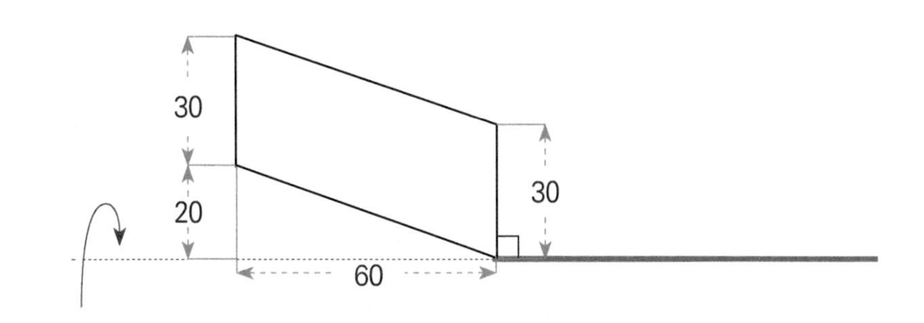

5 연습문제

01 가로, 세로의 길이가 40, 30인 직사각형의 내부와 외부에서 직사각형의 변에 접하도록 반지름이 5인 원을 굴리려 합니다. 외부에서 원이 지나간 부분의 넓이와 내부에서 원이 지나간 부분의 넓이의 차를 구하세요. (단, π 는 3.14로 계산합니다.)

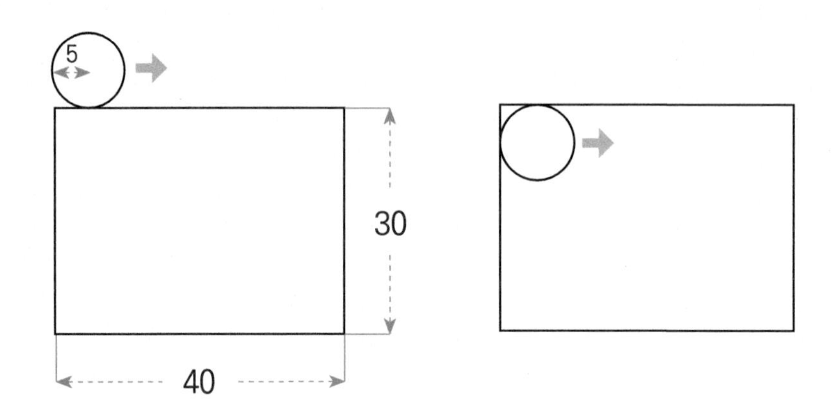

02 반지름의 길이가 20이고 중심각이 120°인 부채꼴의 변을 따라 반지름의 길이가 3인 원이 굴러가고 있습니다. 이 부채꼴을 한 바퀴 돌았을 때, 원이 지나간 영역의 넓이를 구하세요. (단, π 는 3.14로 계산합니다.)

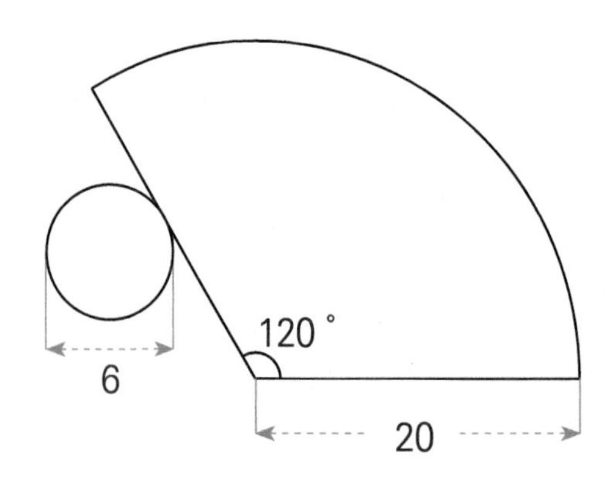

03

대각선의 길이가 10인 직사각형 ㄱㄴㄷO가 놓여 있습니다. 점 ㄱ', ㄴ', ㄷ' 은 각각 점 ㄱ, ㄴ, ㄷ 을 점 O를 중심으로 반시계 방향으로 60°만큼 회전시킨 점일 때 회색으로 색칠된 부분의 넓이를 구하세요. (단, π 는 3.14로 계산합니다.)

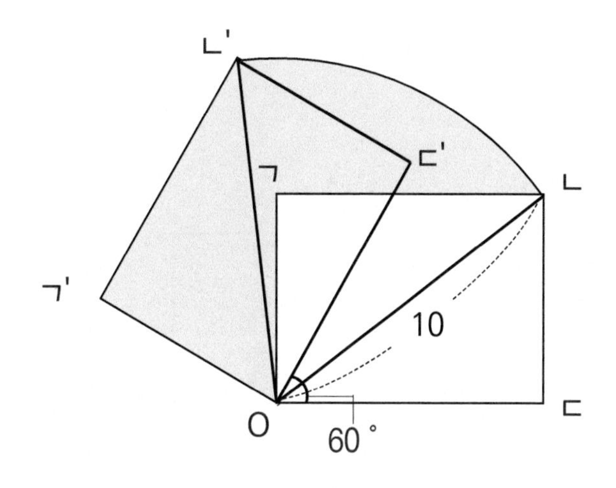

04

반지름이 10인 사분원과 직각이등변삼각형을 붙여놓은 도형을 축 A를 중심으로 회전시키려 합니다. 만들어지는 회전체의 부피를 구하세요. (단, π 는 3.14로 계산합니다.)

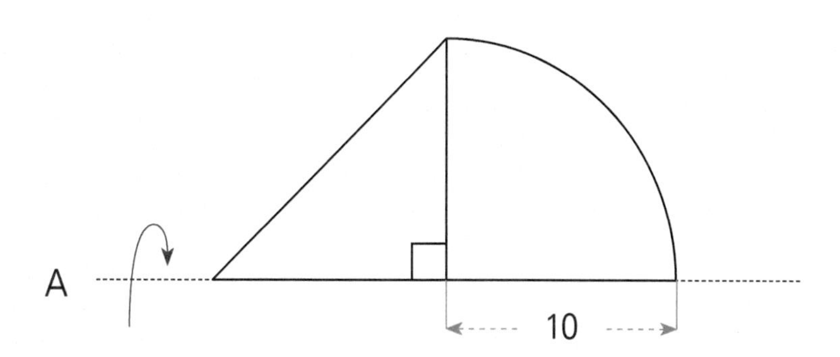

05 가로의 길이가 10, 세로의 길이가 20인 직사각형을 축 A를 기준으로 회전시키려 합니다. 한 바퀴 회전이 아닌 225°만큼만 회전시킬 때, 직사각형이 지나간 자취의 부피를 구하세요. (단, π 는 3.14로 계산합니다.

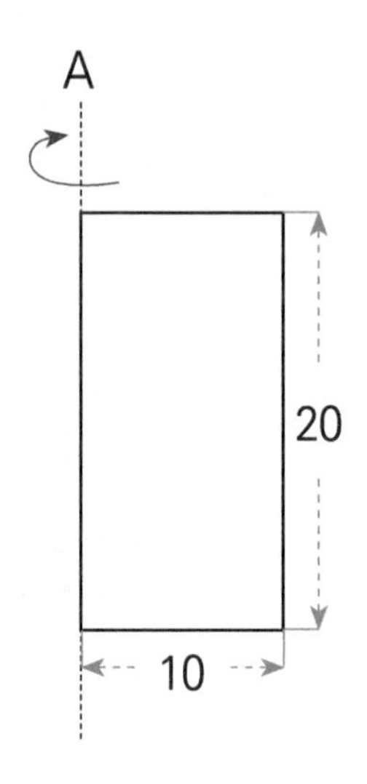

06 반지름의 길이가 10인 같은 사분원 ㉠, ㉡이 놓여있습니다. 사분원 ㉠은 점 O를 중심으로 1초에 시계방향으로 18°만큼 회전하고 사분원 ㉡은 점 O를 중심으로 1초에 시계방향으로 5 °만큼 회전합니다. 두 사분원이 현 상태로 동시에 회전하기 시작해서 1분 후에 두 사분원 ㉠, ㉡이 겹친 부분의 넓이를 구하세요. (단, π 은 3.14로 계산합니다.)

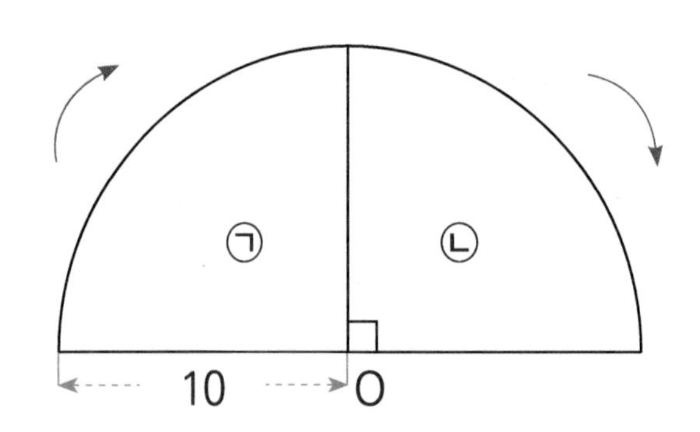

07

한 변의 길이가 10인 정육각형의 변 위를 한 변의 길이가 10인 정삼각형이 한 꼭짓점을 중심으로 회전해서 반시계 방향으로 미끄러짐 없이 돌아가고 있습니다. 정삼각형이 출발해서 정육각형을 한 바퀴 돌아 원래의 자리로 올 때까지 점 ㄱ이 움직인 자취의 길이를 구하세요. (단, π 는 3.14로 계산합니다.)

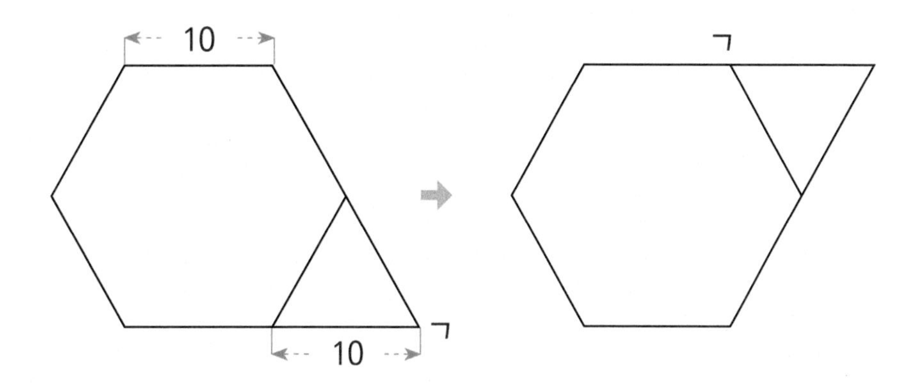

08

반지름이 5인 원 7개가 일렬로 나열되어 있습니다. 가장 왼쪽에 있는 보라색 원을 오른쪽에 나열된 6개의 원 위로 굴려서 가장 오른쪽에 있는 원의 옆으로 옮기려 할 때, 이 회색 원의 중심 A가 A’ 위치에 올 때까지 이동한 자취의 길이를 구하세요. (단, π 는 3.14로 계산합니다.)

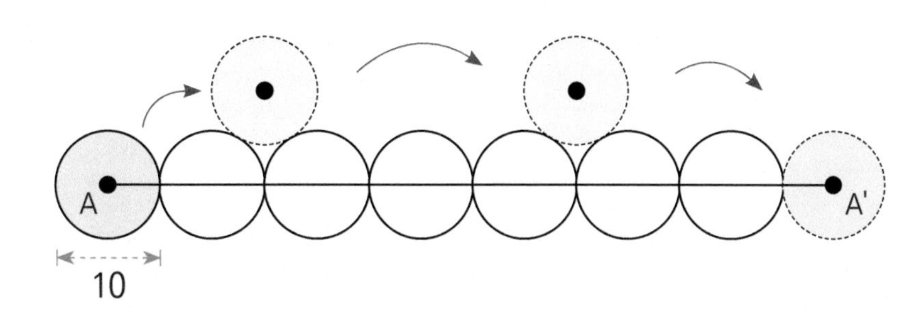

5 심화문제

01 반지름이 10인 두 사분원 ㉠, ㉡이 아래와 같이 놓여 있습니다. 사분원 ㉠이 사분원 ㉡의 변을 따라 미끄러짐 없이 굴러서 다시 제자리에 돌아올 때까지 점 A의 이동자취의 길이를 구하세요. (단, π는 3.14로 계산합니다.)

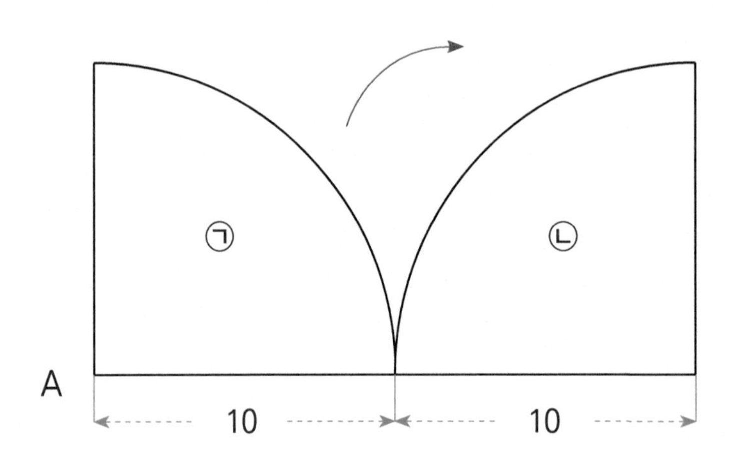

정답 및 풀이 P.28

02 합동인 두 삼각형이 놓여 있습니다. △ㄱ’ㄷ’ㄴ 은 △ㄱㄴㄷ 을 점 ㄴ 을 중심으로 점 ㄷ’ 이 선분 ㄱㄷ 에 접할 때까지 반시계 방향으로 회전시킨 모습입니다. 선분 ㄱㄹ : 선분 ㄹㄴ 의 비를 구하세요. (단, △ㄱㄴㄷ에서 선분 ㄴㄷ : 선분 ㄱㄴ : 선분 ㄷㄱ = 3 : 4 : 5입니다.)

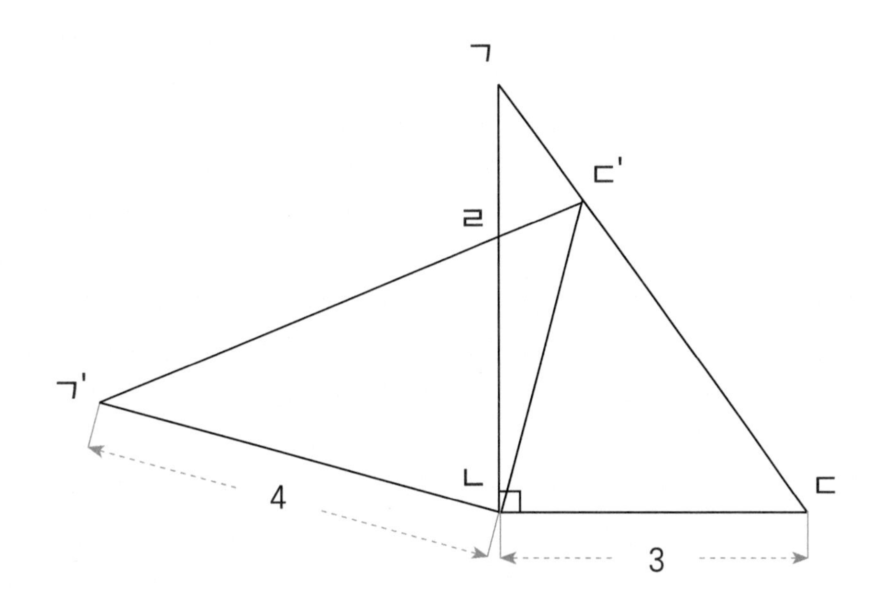

03 한 변의 길이가 10인 정오각형이 등변사다리꼴 위에 올려져 있습니다. 이 정오각형을 등변사다리꼴 위로 미끄러짐 없이 일정하게 굴려서 다시 원래의 자리로 오게끔 하려고 합니다. ㉠위치에서 ㉡위치로 굴러가는 데 12초가 걸렸다면 ㉠위치에서 출발해서 이 등변사다리꼴을 일정한 속력으로 한 바퀴 돌아 다시 ㉠위치로 올 때까지 걸리는 시간을 구하세요.

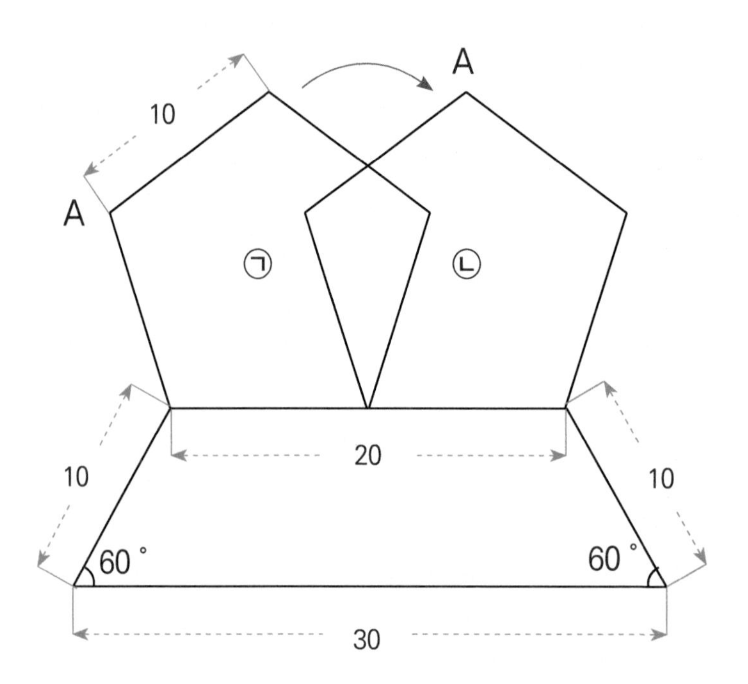

04 밑변의 길이가 5인 직각삼각형 ㄱㄴㄷ 을 점 ㄷ 을 중심으로 회전시켰습니다. 선분 ㄱㄷ 과 선분 ㄱ'ㄴ' 이 평행이 될 때까지 회전시켰을 때 회색으로 칠해진 부분의 넓이를 구하세요. (단, π 는 3.14로 계산합니다.)

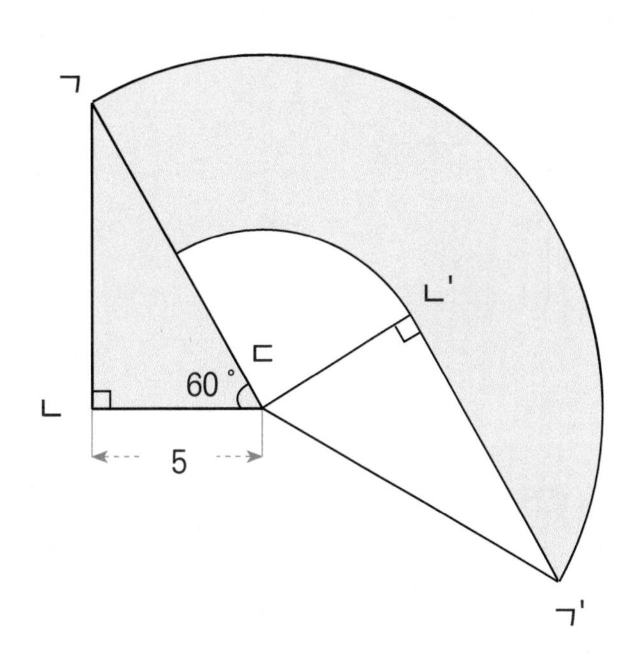

5 창의적문제해결수학

01

길이가 20인 선분 ㄱㄴ과 길이가 10인 선분 MO가 서로 수직으로 그려져 있는 <그림 1>과 이 도형을 점 O를 중심으로 시계방향으로 135°만큼 회전시켰을 때의 모습이 그려져 있는 <그림 2>가 있습니다. 선분 ㄱㄴ 이 지나간 부분의 넓이를 구하세요. (단, 점 M은 선분 ㄱㄴ의 중점이며 π 는 3. 14로 계산합니다.)

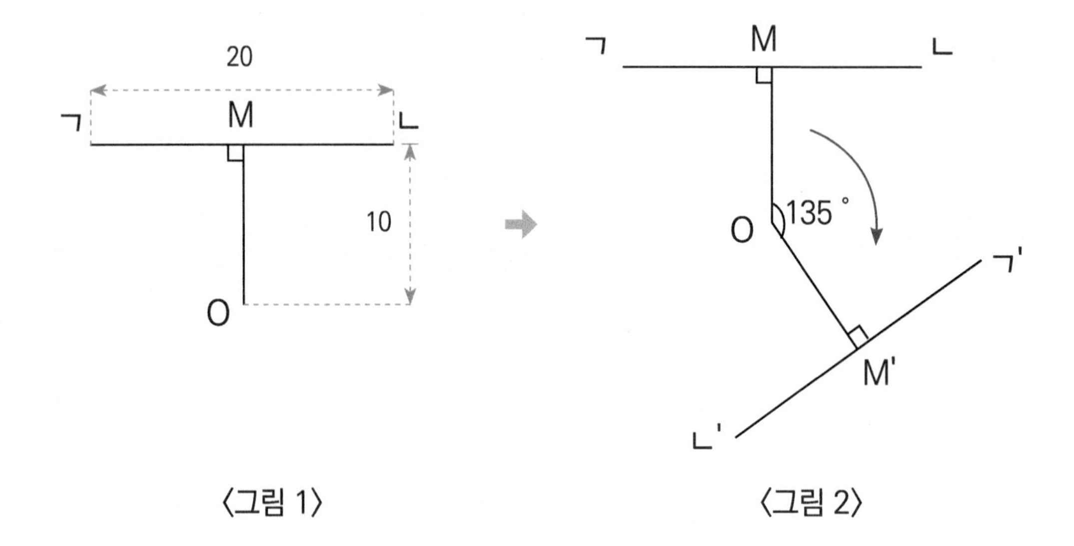

<그림 1> <그림 2>

정답 및 풀이 P.30

02
창의융합문제

아래의 그림은 11시 45분과 6시 30분을 시계로 나타낸 모습입니다.

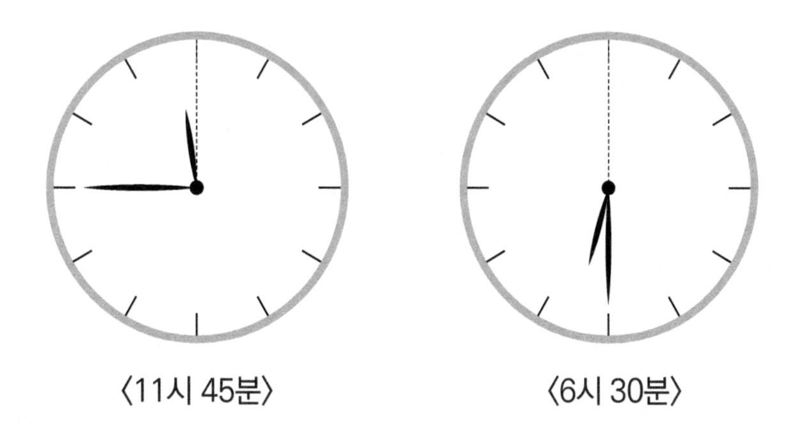

분침의 길이는 50, 시침의 길이는 30입니다. 시침을 반지름으로 하는 부채꼴 ㉠과 분침을 반지름으로 하는 부채꼴 ㉡의 넓이의 차이를 구하세요. (단, π 는 3.14로 계산합니다.)

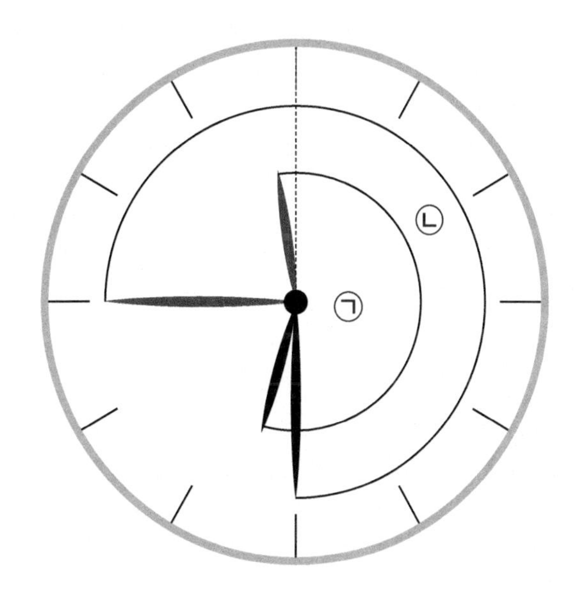

이탈리아에서 다섯째 날 모든 문제 끝!
밀라노로 이동하는 무우와 친구들에게 어떤 일이 일어날까요?

데카르트의 좌표

평면에서의 점에 수의 순서쌍 (x, y)를 대응시켜서 점의 위치를 나타내는 구조를가리켜 좌표평면(좌표계)라고 하며, 그 점에 대응하는 수의 순서쌍을 그 점의 좌표라고 합니다. 이러한 좌표의 개념을 처음으로 생각해낸 사람은 해석 기하학의 아버지라 불리우는 '데카르트'입니다.

어린시절의 데카르트는 몸이 약해서 침대에 누워 있는 일이 많았다고 합니다. 침대에 누워 천장을 바라보던 데카르트는 바둑판 모양의 천장에서 파리가 움직이는 것을 보고 좌표평면과 그래프의 개념을 생각해 냈다고 알려져 있습니다.

6. 그래프 이용하기

이탈리아 여섯째 날 DAY 6

무우와 친구들은 이탈리아에 가는 여섯째 날, <밀라노>, <두오모 성당>을 여행할 예정이에요. 여행의 마지막 날에 무우와 친구들은 어떤 수학문제를 만나게 될까요?

궁금해요 ?

그래프를 보고 알 수 있는 정보는 무엇일까요?

베네치아에서 출발하여 밀라노에 도착할 때까지 무우와 친구들이 타는 열차의 시간 - 속력 그래프가 아래의 그림과 같습니다. 이 열차에 대한 정보를 5가지 이상 말하세요. (단, 밀라노에 도착하는 시간은 출발하고 8시간 후 입니다.)

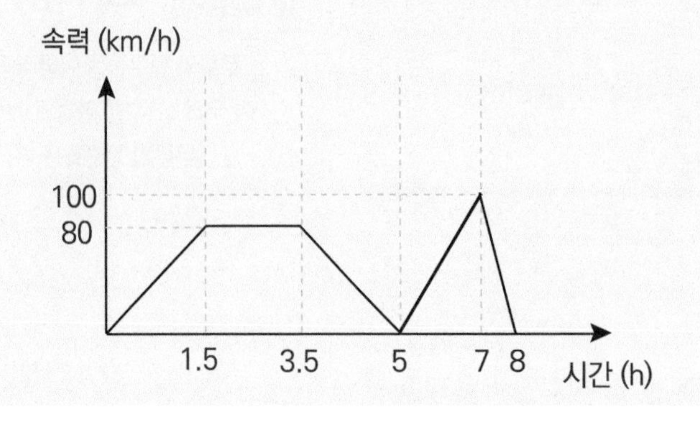

1 그래프를 활용한 문제풀이

1. 서로 상관관계가 있는 양의 상댓값을 나타낸 도형을 '그래프' 라고 합니다.

2. 아래의 그래프와 같이 시간과 속력의 관계를 나타낸 그래프에서 (그래프 아랫부분의 넓이) = (해당 시간 동안 움직인 거리)가 됩니다.

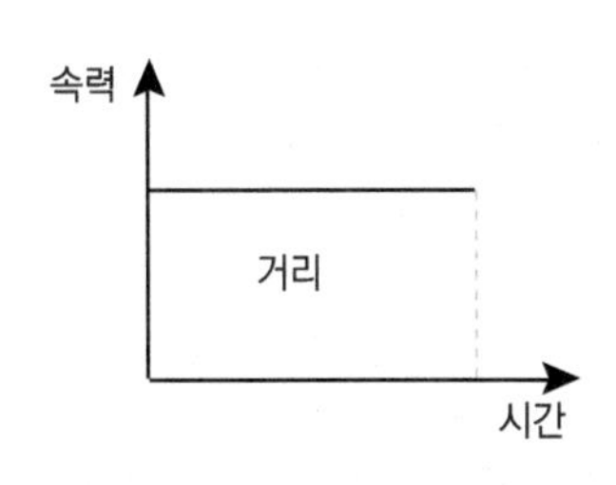

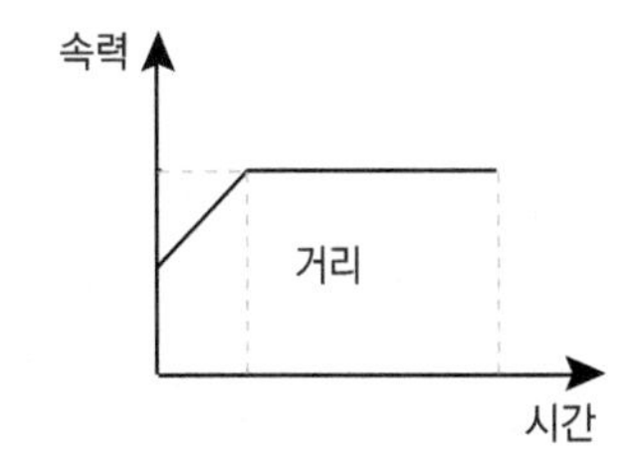

3. 오른쪽 그래프와 같이 시간과 거리의 관계를 나타낸 그래프에서는 그래프의 기울기가 해당 구간에서의 속력이 됩니다. 기울기가 가파를수록 속력이 빠른 것을 의미합니다.

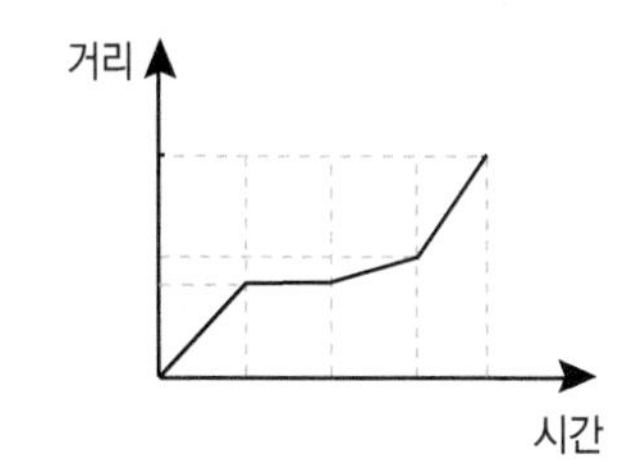

4. 좌표평면 : 오른쪽 그림과 같이 가로축, 세로축을 통해 점의 위치를 (x, y) 순서쌍으로 나타낼 수 있는 평면입니다.
(x, y) 는 (0, 0)에서 가로축으로 x칸, 세로축으로 y칸 움직인 점의 위치입니다.

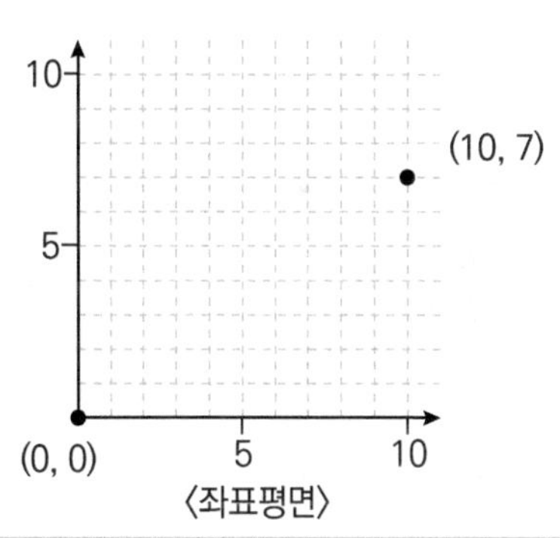

〈좌표평면〉

그래프를 분석할 때 확인해야 할 점
1. 그래프의 x축, y축 : x축과 y축이 각각 무엇을 뜻하는지를 파악할 수 있습니다.
2. 그래프의 시작점의 위치 : 움직이기 시작한 시간, 출발점의 위치, 속력 등을 파악할 수 있습니다.
3. 그래프가 끝나는 점의 위치 : 총 움직인 시간, 총 움직인 거리, 속력 등을 파악할 수 있습니다.
4. 그래프의 교차점 : 2개 이상의 그래프가 만나는 교차점은 만난 시간 또는 만난 위치 등을 파악할 수 있습니다.

해당 그래프의 x축은 시간, y축은 속력을 나타냅니다. 따라서 이 열차에 대한 정보는 다음과 같습니다.

1. 이 열차의 최고 속력은 100 km/h입니다.
2. 이 열차는 출발하고 5시간 후 중간에 있는 역에 정차합니다.
3. 밀라노에 도착할 때까지 이 열차가 움직인 거리는 430km입니다.
4. 베네치아에서 출발해서 밀라노에 도착할 때까지 걸리는 시간은 8시간입니다.
5. 8시간 동안 이 열차의 평균 속력은 430 ÷ 8 = 53.75km/h입니다.
6. 이 열차는 출발하고 1시간 30분까지는 속력이 일정하게 증가합니다.

이 외에도 이 열차에 대한 정보는 여러 가지 방법으로 찾을 수 있습니다.

6 대표문제

1. 그래프를 이용한 속력

택시와 트램의 A 지점으로부터의 시간 - 거리 그래프가 아래와 같습니다. 무우와 상상이(택시)가 도착한 후 3분 뒤에 알알이와 제이(트램)가 도착했다면 트램이 중간 지점에 정차하고 있었던 시간을 구하세요. (단, 운행 중일 때의 택시와 트램의 속력은 각각 일정합니다.)

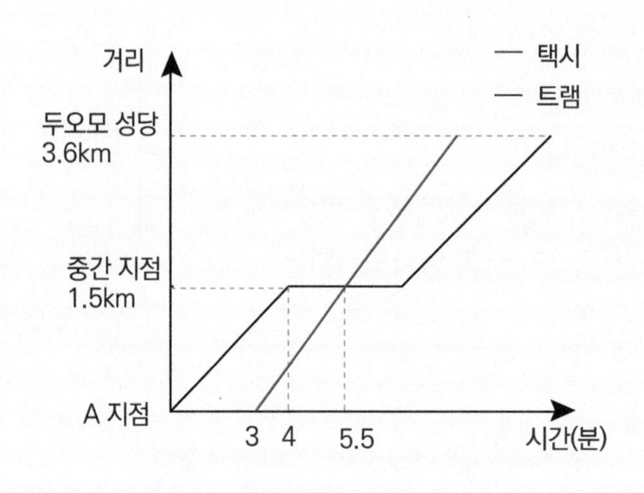

Step 1 무우와 상상이가 택시를 탄 시간을 구하세요.

Step 2 트램이 중간에 정차하지 않고 두오모 성당까지 갔을 때 걸리는 시간을 구하세요.

Step 3 트램이 중간 지점에 정차하고 있었던 시간을 구하세요.

문제 해결 TIP

A 지점에서 중간 지점까지 걸리는시간으로 평균 속력을 구해 보도록 합니다.

Step 1 택시는 중간 지점까지 1.5km를 가는데 (5.5 − 3) = 2.5분이 걸렸습니다. 따라서 택시는 1분에 600m를 갑니다.

따라서 택시로 3.6km를 가는 데 걸리는 시간 x는 다음과 같습니다.

600m : 1분 = 3600m : x분 ➡ x = 6분

따라서 무우와 상상이가 택시를 타고 이동한 시간은 6분입니다.

Step 2 트램이 중간 지점까지 1.5km를 가는 데는 4분이 걸렸습니다.

따라서 트램으로 3.6km를 가는 데 걸리는 시간 y는 다음과 같습니다.

1500m : 4분 = 3600m : y분 ➡ y = 9.6분

따라서 트램이 중간에 정차하지 않고 두오모 성당까지 간다면 9.6분 = 9분 36초가 걸립니다.

Step 3 무우와 상상이는 알알이와 제이가 트램을 타고 출발한 3분 후에 택시를 탔습니다.

따라서 무우와 상상이가 두오모 성당에 도착하는 데 걸리는 시간은 3 + 6 = 9분입니다.

트램이 중간에 정차하지 않고 두오모 성당까지 가면 9분 36초가 걸리므로 무우와 상상이가 도착 후 36초 뒤에 알알이와 제이가 도착해야 합니다. 하지만 3분 뒤에 알알이와 제이가 도착했으므로 중간 지점에서 2분 24초 동안 정차했다가 출발한 것이 됩니다.

정답: 6분 / 9분 36초 / 2분 24초

아래의 그래프는 시간에 따른 무우와 상상이 사이의 거리를 나타낸 그래프입니다. 함께 걸어가다가 상상이가 멈춰서 5분 동안 전화를 하는 사이 무우는 멈추지 않고 가고 있고 상상이가 5분 후 뒤좇아가는 상황일 때, 상상이의 속력을 구하세요. (단, 둘의 속력은 각각 일정합니다.)

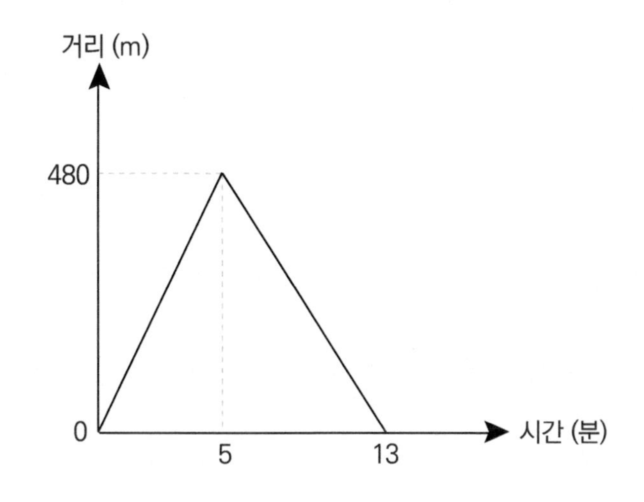

6 대표문제

2. 그래프를 이용한 부피

아래의 그래프들은 무우, 상상, 알알, 제이가 각각 음료를 받은 후 시간에 따른 음료의 높이 변화를 나타낸 것입니다. 다음 각 물음에 답하세요.

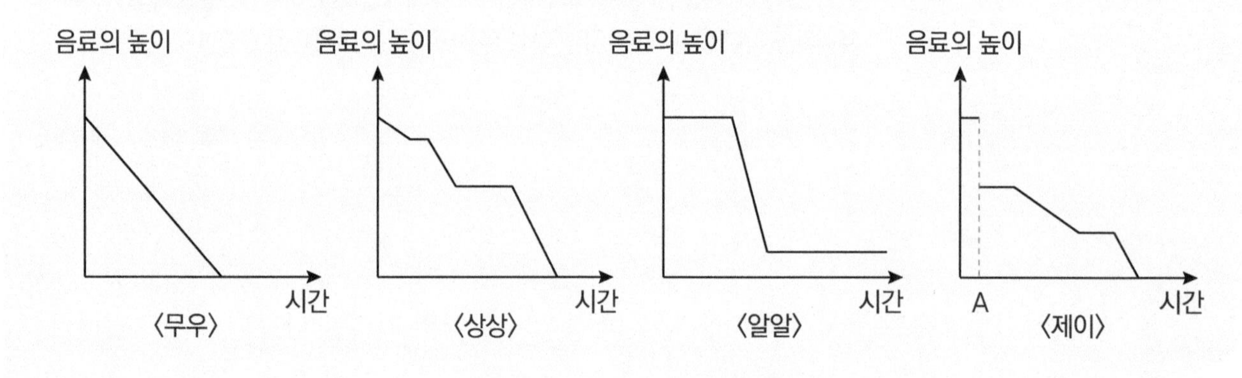

Step 1 음료를 한번에 모두 마신 사람은 누구일지 적으세요.

Step 2 음료를 모두 마시지 않은 사람은 누구일지 적으세요.

Step 3 음료를 마시기 시작한 후 가장 여러 번에 나누어서 마신 사람은 누구인지 적으세요.

Step 4 A 시점에 제이에게 일어난 일에 대해 알맞은 답을 적으세요.

문제 해결 TIP

그래프의 시작점과 끝점을 보고 알맞은 상황을 찾아보도록 합니다.

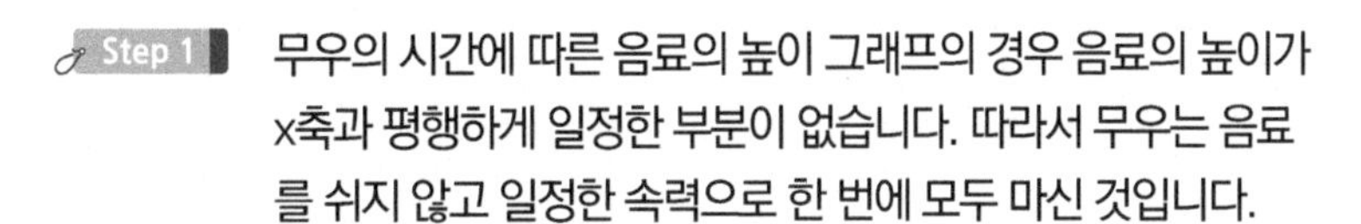

Step 1 무우의 시간에 따른 음료의 높이 그래프의 경우 음료의 높이가 x축과 평행하게 일정한 부분이 없습니다. 따라서 무우는 음료를 쉬지 않고 일정한 속력으로 한 번에 모두 마신 것입니다.

Step 2 알알이의 시간에 따른 음료의 높이 그래프의 경우 그래프의 끝점이 x축에 닿지 않습니다. 따라서 알알이는 음료를 끝까지 마시지 않은 것입니다.

Step 3 상상이의 시간에 따른 음료의 높이 그래프를 보면 먹기 시작한 후 음료의 높이가 x축과 평행하고 일정한 부분이 2번 있습니다. 따라서 상상이는 음료를 가장 여러 번에 나누어서 마신 사람이 됩니다. 알알이와 제이의 그래프에도 x축과 평행하게 일정한 부분이 각각 2번씩 있지만, 알알이와 제이의 맨 처음 부분은 마시기 전의 모습이므로 이 둘은 각각 1번씩만 쉬었다가 음료를 마신 것입니다.

Step 4 제이의 시간에 따른 음료의 높이 그래프에서 A 시점에서 음료의 높이가 갑자기 확 줄어든 것을 볼 수 있습니다. 음료를 마셨다면 높이가 일정하게 줄었어야 하므로 이는 제이가 A 시점에 음료를 일부 쏟은 것이라고 볼 수 있습니다.

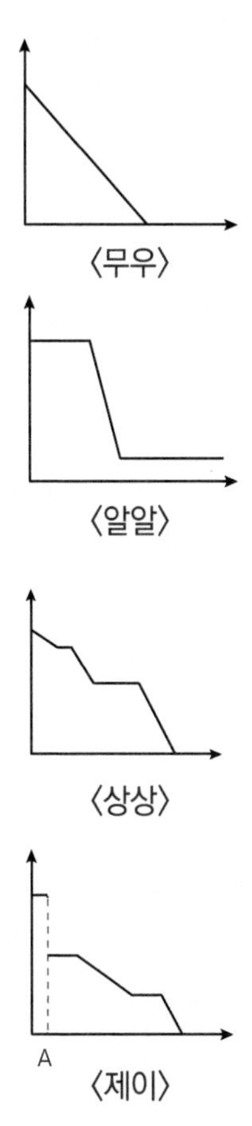

정답 : 무우 / 알알/ 상상 / 풀이과정 참조

아래와 같이 생긴 비어있는 물통에 수도꼭지에서 물을 틀어 일정한 속력으로 물을 채우려고 합니다. 시간에 따른 물의 높이를 그래프로 그리세요. (단, 반지름이 다른 각 부분의 높이는 같습니다.)

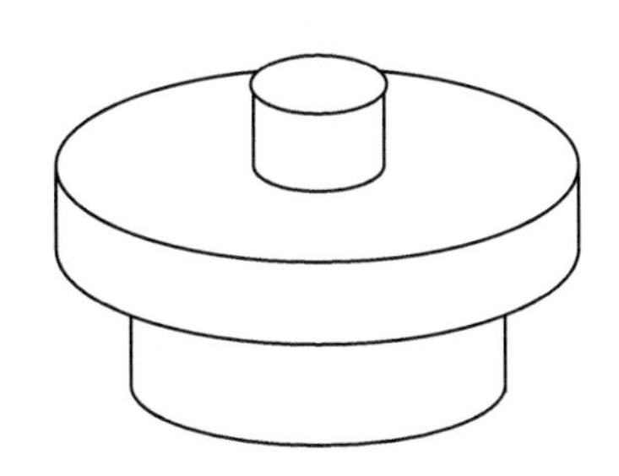

6 연습문제

01 세 개의 물통 A, B, C는 모두 같은 양의 물을 담을 수 있는 물통입니다. 수도꼭지를 이용해 세 물통에 같은 속력으로 물을 넣을 때, 시간에 따른 각 물통의 물의 높이의 변화를 그래프로 표현하세요.

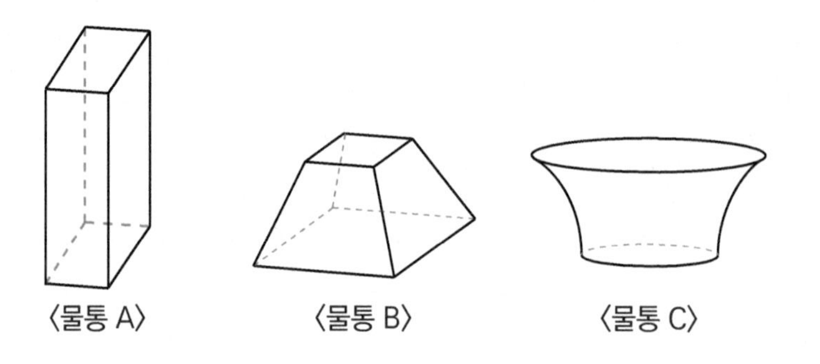

02 서로 65km 떨어진 ㉠과 ㉡지점에서 두 자동차 A, B가 서로 마주 보고 동시에 출발합니다. 아래 <보기>의 그래프는 두 자동차 A, B와 ㉠지점과의 시간에 따른 거리를 나타낸 그래프입니다. C에 알맞은 값을 구하세요.

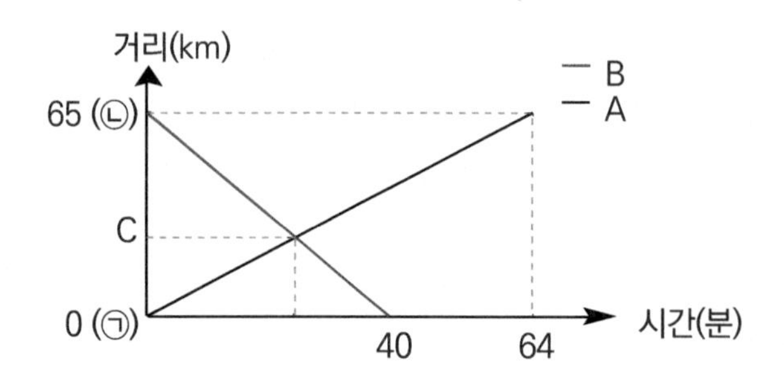

03 밑면의 반지름의 길이가 다른 원기둥 3개를 쌓아서 붙여 하나의 물통을 만들었습니다. 이 물통에 일정한 속력으로 물을 채워 넣을 때 시간에 따른 물의 높이를 나타낸 그래프가 아래 <보기>와 같을 때, 이 세 개의 물통의 밑면의 넓이의 비를 가장 작은 자연수의 비로 나타내세요.

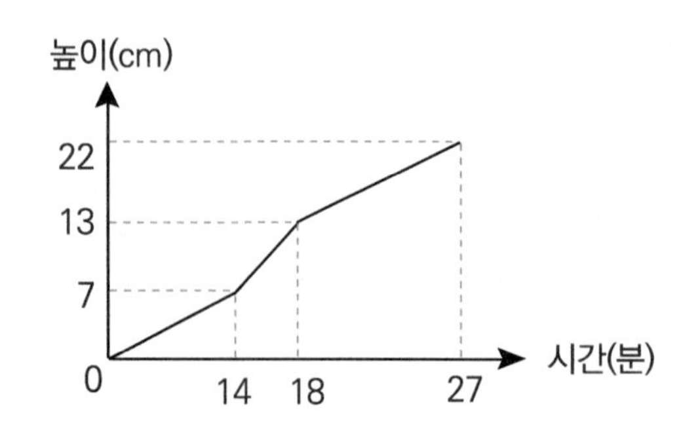

04 무우는 마라톤 대회에 참가하였습니다. 아래 그래프는 시간에 따른 무우의 속력을 나타낸 그래프입니다. 무우가 달린 총거리를 구하세요.

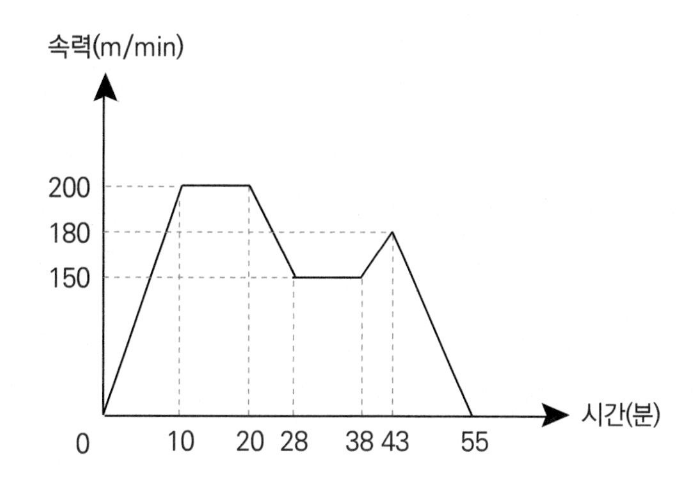

05 무우는 상상이에게 전해줄 물건이 있어서 집에서 출발해서 상상이네 집으로 뛰어가서 물건을 전해준 후 걸어서 다시 집으로 돌아왔습니다. 아래 <보기>의 그래프는 시간에 따른 무우와 무우네 집 사이의 거리를 나타낸 그래프입니다. 무우가 뛰는 속력은 걷는 속력의 2배일 때, 무우는 상상이네 집에 몇 분 동안 있었는지 구하세요. (단, 뛰는 속력과 걷는 속력은 각각 일정합니다.)

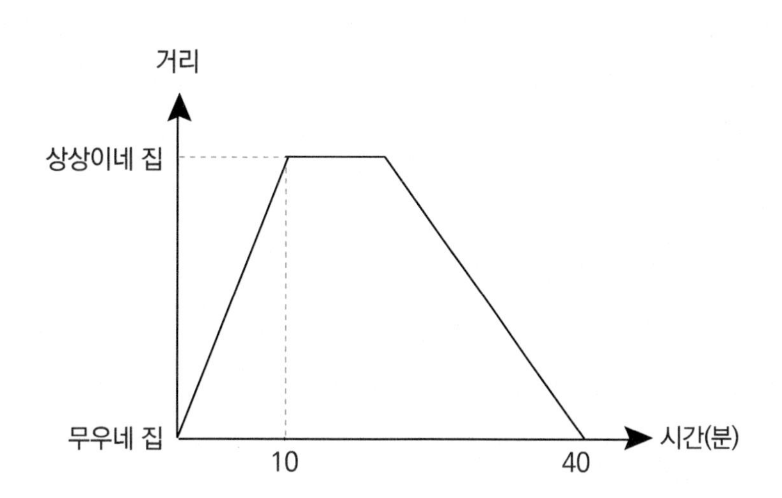

06 두 지점 A, B 사이의 거리는 100 m입니다. 무우와 상상이는 지점 A에서 동시에 출발해서 두 지점을 계속 왕복하려고 합니다. 아래의 그래프는 시간에 따른 두 사람과 지점 A와의 거리를 나타낸 것입니다. 두 사람이 출발한 후 처음으로 만난 지점과 두번째로 만난 지점 사이의 거리를 구하세요. (단, 두 사람의 속력은 각각 일정합니다.)

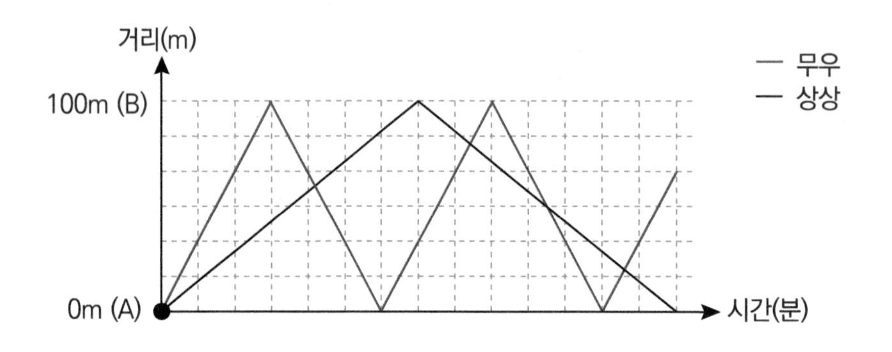

07 강의 하류에 있는 A 지점에서 상류에 있는 B 지점까지 배를 타고 거슬러 올라갔다가 내려오려고 합니다. 아래의 그래프는 배의 시간에 따른 A 지점과의 거리를 나타낸 그래프입니다. 배는 A 지점에서 B 지점으로 강물을 거슬러 올라가던 중 엔진이 고장 나서 강물의 속력을 따라 떠내려가다가 다시 엔진을 고친 후 남은 거리를 정상적으로 운항하였습니다. 배가 떠내려간 거리와 C에 알맞은 값을 구하세요. (단, 배와 강물의 속력은 각각 일정하며 엔진이 고장 나면 즉시 강물의 속력을 따라 떠내려갑니다.)

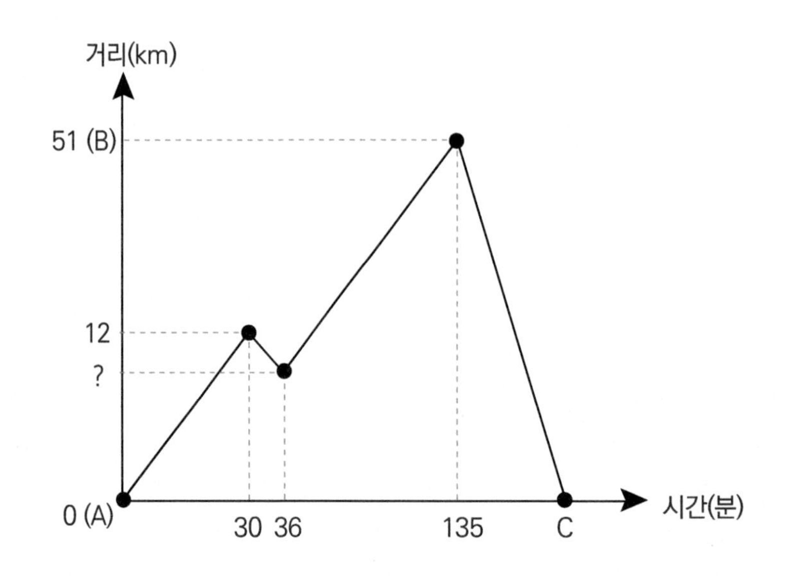

08

높이가 100cm인 원기둥 모양의 물통에 두 개의 수도꼭지 ㉠, ㉡을 이용해서 물을 채워 넣으려 합니다. 아래의 그래프는 물통을 비우고 수도꼭지 ㉠만을 이용해서 30분 동안 물을 받다가 나머지 15분은 두 개의 수도꼭지 ㉠, ㉡을 모두 이용해서 물을 받았을 때, 물의 높이를 나타낸 그래프입니다. 이 물통에 수도꼭지 ㉡만을 이용해서 물을 받는다면 몇 분이 걸리는지 구하세요.

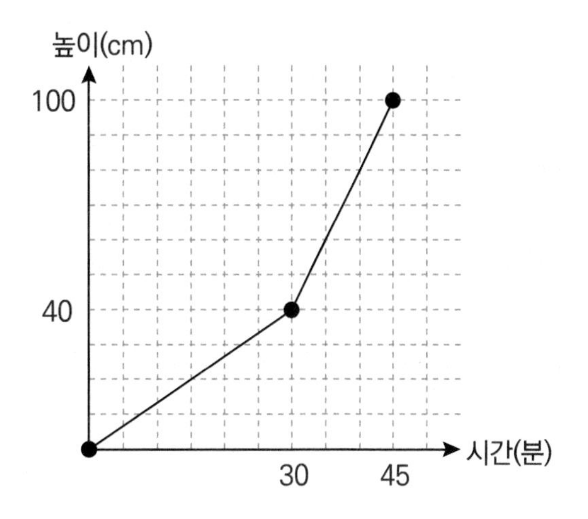

09

아래의 그래프는 지하철이 다리 위를 지나갈 때, 시간에 따른 다리 위에 있는 지하철의 길이를 그래프로 나타낸 것입니다. 지하철이 지나간 다리의 길이를 구하세요. (단, 다리의 길이는 지하철의 길이보다 길고 지하철의 속력은 일정합니다.)

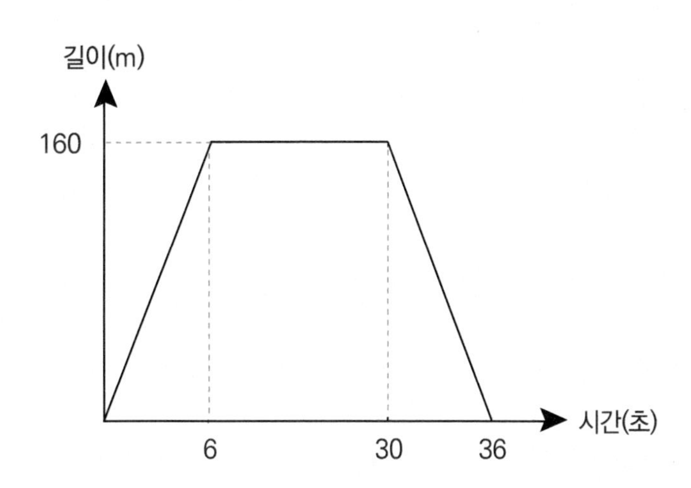

6 심화문제

01 어떤 물통에 매초 25cm³씩 물을 넣을 때 시간에 따른 물의 높이를 나타낸 그래프입니다. 이 물통을 비우고 매초 30cm³씩 물을 넣는다면, 물을 넣기 시작하고 15초 후의 물의 높이를 구하세요.

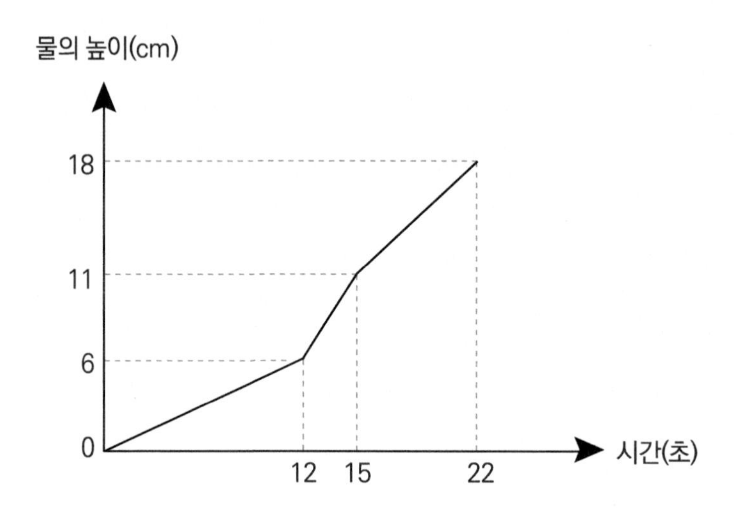

02 <보기>와 같이 한 변의 길이가 20cm인 정육면체 모양의 물통의 바닥을 ㉠, ㉡두 부분으로 이등분하여 ㉡에 삼각기둥을 놓았습니다. 수도꼭지를 이용하여 ㉠부분에 1초에 $160cm^3$씩 물을 넣을 때, 물의 높이 그래프가 아래와 같습니다. 물통을 비우고 ㉡부분에 매초 $200cm^3$씩 물을 넣을 때의 그래프를 그리세요.

보기

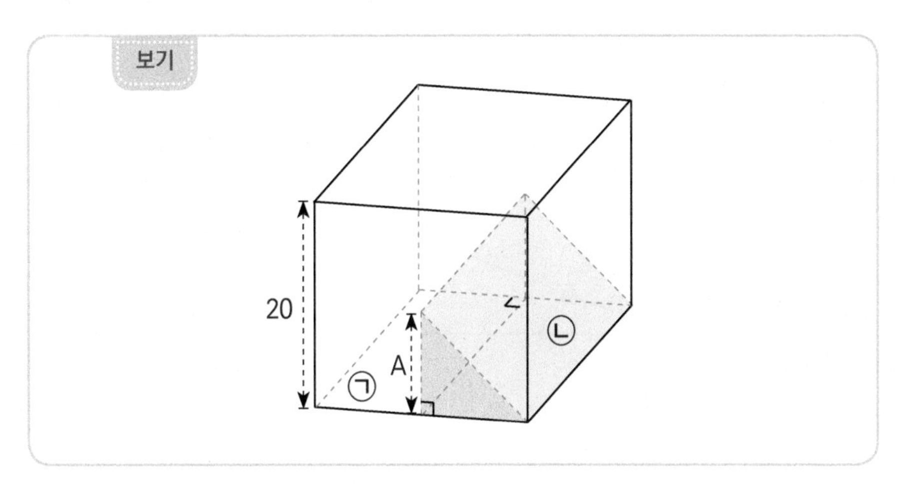

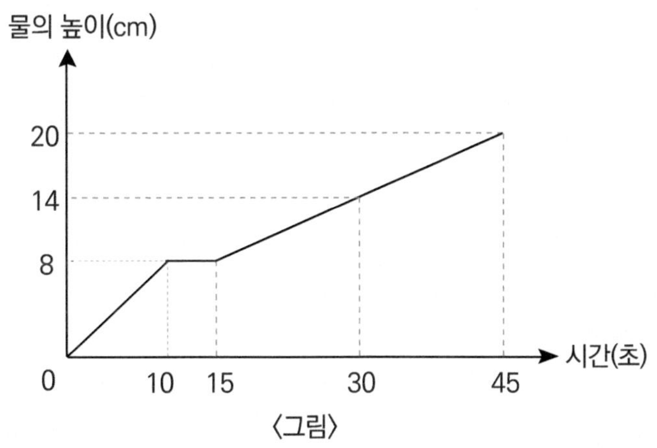

〈그림〉

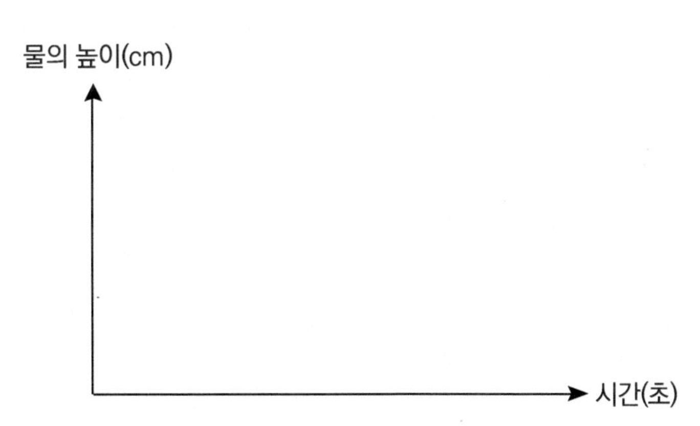

6 심화문제

03 무우네 가족은 ㉠ 도시에서 출발해서 ㉡ 도시로 운전해서 여행을 떠났습니다. 아래의 그래프는 시간에 따른 자동차가 이동한 거리를 나타낸 것입니다. A 지점에서 C 지점까지의 평균속력과 B 지점에서 E 지점까지의 평균속력 (km/h) 을 구하세요.

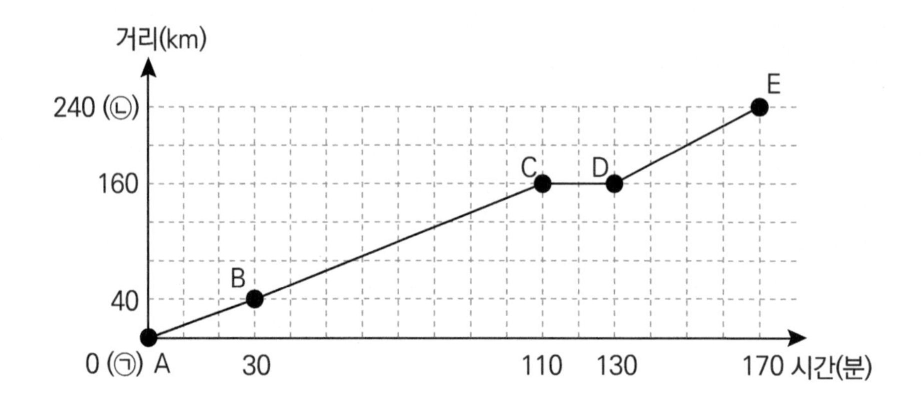

정답 및 풀이 P.34

04

무우와 상상이는 동시에 ㉠에서 출발해서 2.4km 떨어진 ㉡지점을 지나 ㉢지점으로 가려고 합니다. 상상이는 자전거를 타고 일정한 속력으로 ㉢지점까지 가고 무우는 시속 3.2km로 걸어서 ㉡지점까지 간 후 ㉡지점에서 시속 44km인 버스를 타고 ㉢지점으로 가서 이 둘은 동시에 도착하였습니다. 아래의 그래프는 시간에 따른 무우와 상상이가 움직인 거리를 나타낸 것입니다. 상상이는 무우보다 ㉡지점을 몇 분 먼저 지나간 것인지 구하세요. (단, 버스를 기다리는 시간은 생각하지 않습니다.)

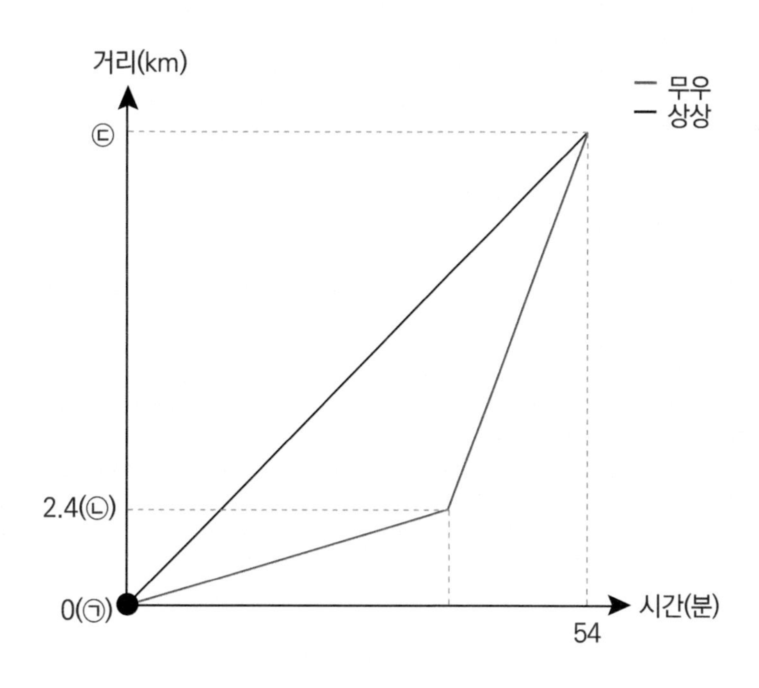

6 창의적문제해결수학

01 <보기>와 같이 가로, 세로, 높이가 각각 120cm, 80cm, 90cm인 직육면체 모양의 물통의 바닥을 ㉠, ㉡으로 이등분하는 위치에 칸막이를 세웠습니다. 이 물통에 두 개의 수도꼭지 A, B를 이용해서 수도꼭지 A로는 ㉠부분부터 물을 채우고 수도꼭지 B로는 ㉡부분부터 물을 채우려 합니다. 시간에 따른 물의 높이를 나타낸 그래프가 아래의 <그림> 과 같을 때, 수도꼭지 A와 B에서 각각 1분에 몇 L의 물이 나오는지 구하세요. (단, 칸막이의 두께는 무시하며 수도꼭지에서는 일정한 속력으로 물이 나옵니다.)

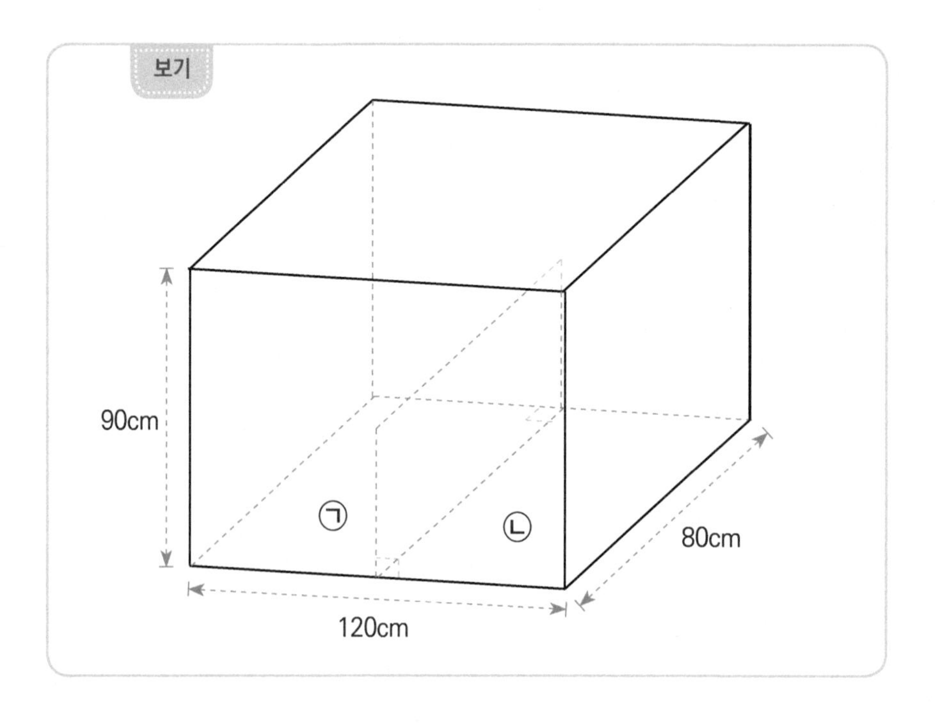

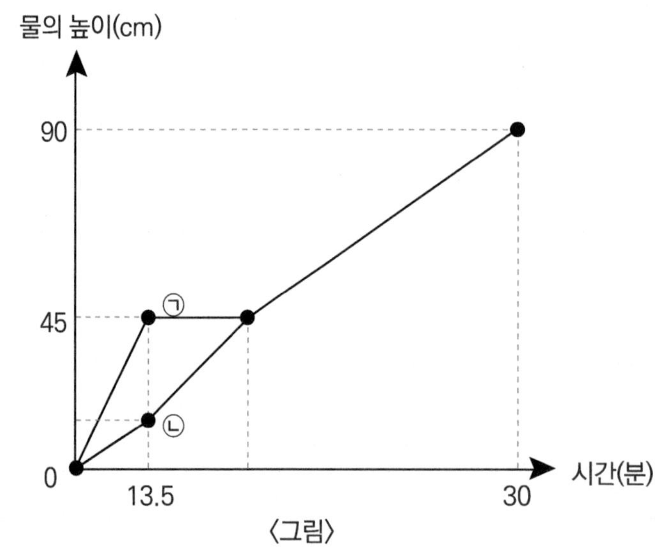

〈그림〉

정답 및 풀이 P.35

02
창의융합문제

아래는 비가 내렸을 때의 상황과 시간에 따른 옥상에 차 있는 물의 높이를 나타낸 그래프입니다. 원래 옥상에서 평소에 사용되는 배수구와 추가로 사용한 배수구가 각각 1분에 몇 mm의 물을 빼내는지를 구하고 옥상에 있는 모든 배수구를 막았다면 비가 많이 쏟아지기 시작하고 30분 후에 관리인이 봤을 때 물의 높이를 구하세요.

비가 많이 쏟아지기 시작하고 30분 후 건물 관리인은 옥상에 물이 48mm가량 채워져 있는 것을 보고 평소에 사용하지 않던 배수구까지 추가로 열어서 물을 빼내기 시작했습니다. 추가 배수구를 사용하고 45분 후에 비가 그쳤고, 그 후 얼마 지나지 않아 옥상에 차 있던 물은 모두 빠지게 되었습니다.

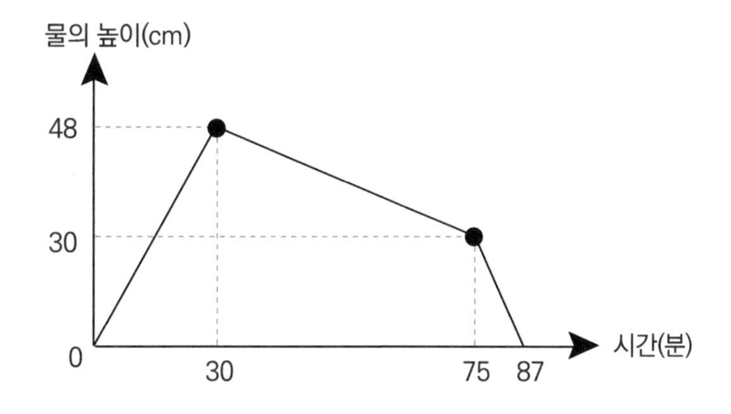

로마에서 여섯째 날 모든 문제 끝!
수학여행을 마친 기분은 어떤가요?

MEMO

영재들의
수학여행
Math Travel

무한상상

창의영재수학

아이앤아이

정답 및 풀이

고급 초6~중등

C 측정

이탈리아편

창의력교재
업계 1위